山新杨*PdbNAC17*基因耐盐和次生壁形成的分子机制

国会艳　著

东北大学出版社

·沈　阳·

图书在版编目（CIP）数据

山新杨PdbNAC17基因耐盐和次生壁形成的分子机制 /
国会艳著. -- 沈阳：东北大学出版社, 2024. 9.
ISBN 978-7-5517-3560-5

Ⅰ. Q949.720.3

中国国家版本馆CIP数据核字第2024KJ4987号

出 版 者：东北大学出版社
　　　　　地址：沈阳市和平区文化路三号巷11号
　　　　　邮编：110819
　　　　　电话：024-83683655（总编室）
　　　　　　　　024-83687331（营销部）
　　　　　网址：http://press.neu.edu.cn
印 刷 者：辽宁一诺广告印务有限公司
发 行 者：东北大学出版社
幅面尺寸：170 mm × 240 mm
印　　张：8.75
字　　数：162千字
出版时间：2024年9月第1版
印刷时间：2024年9月第1次印刷
策划编辑：曲　直
责任编辑：周凯丽
责任校对：汪彤彤
封面设计：潘正一
责任出版：初　茗

ISBN 978-7-5517-3560-5　　　　　　　　　　定价：59.00元

前　言

　　土壤盐碱化对植物的生长发育造成了很大的阻碍，土壤中 Na⁺ 含量过高，会对植物造成离子毒害。因此，盐胁迫严重限制了植物的生长发育和生物量的积累。植物响应盐胁迫是非常复杂的，例如通过维持离子平衡、活性氧的累积水平、激素信号改变、调控细胞壁形成来改变细胞膨压，以及通过转录因子调控等途径。

　　NAC 转录因子作为植物最大的转录因子家族之一，能够影响植物的生长发育，以及抵御外界不良环境影响，并通过激活或抑制下游靶基因，发挥功能以调控植物的生长和对逆境的耐受力。研究显示，NAC 转录因子主要调节植物的生长发育过程、响应各种激素、参与植物次生细胞壁的合成以及生物和非生物胁迫应答等过程。然而，人们对 NAC 转录因子在介导植物对盐的耐受性和次生细胞壁形成中的潜在机制仍然知之甚少。

　　本书主要研究了山新杨的 NAC 转录因子 PdbNAC17 的表达模式、在盐胁迫及次生细胞壁形成中的功能及其分子机制。第 1 章介绍了盐胁迫对植物的危害及植物响应盐胁迫的机制，并概述了 NAC 转录因子在植物生长发育及响应生物和非生物胁迫中的作用及其调控机制；第 2 章研究了 PdbNAC17 转录因子的组织表达特异性和在盐胁迫下的表达模式，并分析其作为转录因子的亚细胞定位情况；第 3 章通过构建 *PdbNAC17* 基因的过表达和敲除载体，研究该基因在山新杨耐盐和次生壁形成中的功能；第 4 章研究了 PdbNAC17 转录因子的转录激活结构域，并通过酵母双杂交获得与其互作的同源蛋白；第 5 章通过 RNA-seq 技术研究了 PdbNAC17 转录因子在盐胁迫和次生壁形成中调控的差异表达基因；第 6 章通过转录因子为中心的酵母单杂交以及酵母单杂交和染色质免疫共沉淀等技术研究了 PdbNAC17 转录因子结合的顺式作用元件。

本书的研究和出版由科技创新2030-重大项目（课题编号：2023ZD0405602）和辽宁省科技厅自然基金面上项目"山新杨*NAC17*基因调控耐盐和次生壁形成的分子机制"（项目编号：2023-MS-204）资助，特致谢意。

由于作者在教学和科研水平上的局限性，书中遗漏和不妥之处在所难免，恳请同行、专家以及学者们批评指正。

著　者

2024年7月26日

目　录

第1章　绪　论

1.1　盐胁迫对植物的危害

土壤盐碱化对植物的生长发育造成了很大的阻碍，土壤中Na^+含量过高，会对植物造成离子毒害[1]。因此，盐胁迫严重限制了植物的发芽[2]、生长发育[3]和生物量积累。并且，在盐胁迫下，在植物形态方面，会表现出叶片萎蔫、根系单株平均根数减少、幼苗主根变短、株高矮化[4]等现象；在植物生理方面，植物最先遭受渗透胁迫，然后造成离子失调，导致营养元素亏缺，最后引起膜透性改变、生理生化代谢紊乱及有毒物质积累等问题[5]。

1.2　植物响应盐胁迫的机制

植物响应盐胁迫是非常复杂的，例如通过维持离子平衡、活性氧的累积水平、激素信号改变、调控细胞壁形成来改变细胞膨压，以及通过转录因子调控等途径。

盐胁迫引起离子和渗透胁迫，在盐胁迫下，高浓度的Na^+在植物细胞中积累，最终达到毒性水平，导致离子动态平衡的破坏[6]。有学者研究发现，在盐碱胁迫下，Na^+大量累积，导致植物生理功能紊乱。因此，在土壤中维持Na^+稳定，并保持土壤中Na^+的排泄，是降低碳水化合物在盐碱土壤中的伤害的关键[7]。Qiu等[8]研究发现，植物细胞质膜中的Na^+/H^+通过逆转运蛋白SOS1介导将Na^+运出细胞来促进细胞中Na^+的稳定，激发细胞中的Ca^{2+}信号，来提高植物抗盐性。SOS信号传导途径参与盐胁迫的调控，在维持离子稳态方面发挥重要作用。Zhou等[9]研究发现，在玉米中SOS途径是由ZmSOS1和ZmCBL8组成的，它通过Na^+转运到细胞外来调控细胞离子稳态，从而赋予植物耐盐性。另外，盐胁迫导致细胞质中Ca^{2+}浓度升高。Ca^{2+}是一种重要的二级信使，它通过与钙离子感受器结合并激活它，触发特定的钙信号级联反应。Ma 等[10]研究发现，AtANN4是另一种钙依赖的膜结合蛋白，也是Ca^+通透性转运蛋白，是盐胁迫反应和盐过度敏感途径激活所必需的。

盐胁迫可以引起细胞脱水，从而通过促进植物体内活性氧（ROS）的产生来诱导氧化胁迫，它们可能发挥信号作用，对细胞造成结构性损害。为了克服这些负面影响，植物ROS清除系统在维持细胞氧化还原动态平衡方面发挥至关重要的作用[6]。

另外，植物为了抵御环境中不断变化的逆境条件，形成了由植物激素介导的逆境抗性机制。激素通过调节植物的生长发育，在植物对盐胁迫的反应中起着至关重要的作用[11]。其中，脱落酸（ABA）被认为是一种胁迫激素，在植物的非生物胁迫耐受性和种子萌发中发挥着关键作用[12]。Li 等[13]研究发现，在盐胁迫下，*OsSAE1*通过调控ABA合成基因*OsABI5*来提高水稻的耐盐性。Li 等[14]的研究结果表明，6种抗氧化酶［乙醇酸氧化酶（Gox）、过氧化还蛋白（PrxR）、硫氧还蛋白（Trx）、抗坏血酸过氧化物酶（APx）、单脱氢抗坏血酸还原酶（MDHAR）和脱氢抗坏血酸还原酶（DHAR）］对盐胁迫有响应。这6个基因的异源表达通过调节过氧化氢（H_2O_2）、丙二醛（MDA）、抗坏血酸（ASA）和谷胱甘肽（GSH）的含量来减轻转基因植物的氧化损伤，从而提高转基因植物对盐胁迫的耐受性。

一些研究结果表明，细胞壁是盐胁迫的早期感受器之一，细胞壁在植物对盐胁迫的反应中起着不可或缺的作用。盐胁迫造成植物细胞缺水，引起细胞膨压的变化。细胞壁提供机械强度来抵抗这些细胞膨胀变化[15]。Zhang 等[16]发现了植物特有的富含亮氨酸的重复延伸蛋白（LRX）和细胞感受器FER（FER-IONIA），两者一起发挥作用，通过调节细胞壁的变化来调节盐胁迫下植物的生长。Liu 等[17]筛选出一个新型耐盐碱水稻（SATR），并将广泛种植的品种93-11作为对照，在盐胁迫下，SATR 比93-11有更高的存活率。转录组研究结果表明，相对于93-11，细胞壁合成相关途径在SATR 中富集更显著，细胞壁基质多糖生物合成途径中基因表达的诱导率更高，半纤维素和果胶的积累量更高。另外，详细研究了半纤维素生物合成途径中的1，4-β-D-木聚糖合酶*OsC-SLD4*基因，过表达*OsCSLD4*转基因植株表现出更高的SSAS（strong salt-alka-li stress）耐受性，结果表明，细胞壁基质多糖介导SSAS耐受性的潜在作用，并且*OsCSLD4*提高了SSAS水稻的耐盐性。

越来越多的学者研究发现，转录因子（transcription factor，TF）是响应非生物胁迫信号转导途径的重要组成因子之一。转录因子通过与不同的顺式元件结合，参与调节响应胁迫的生物信号，进而调控相应基因的表达，来增强植物对逆境的适应力，在植物的生理活动及非生物胁迫响应方面起着重要作用。目前，已有很多转录因子家族被发现，比如MYB、NAC、Dof、bZIP、bHLH和WRKY等。一些研究结果表明，转录因子通过与下游靶基因的启动子结合，来调控下游基因的表达，进而影响植物对盐胁迫的敏感性或耐性。He等[18]研究发现，小麦TaMYB73可以与AtCBF3和AtABF3的启动子序列结合来增强植物的耐盐性。Su等[19]研究发现，在盐胁迫下，过表达GhDof1转基因棉花比野生型棉花更耐盐，且根系长于野生型。该结果表明，GhDof1基因能够提高棉花的耐盐性。Kang等[20]克隆了一个bZIP转录因子IbbZIP1基因，在盐胁迫下，在IbbZIP1转基因拟南芥中，参与ABA、脯氨酸生物合成和活性氧清除系统的基因的表达显著上调，并且ABA与脯氨酸含量和超氧化物歧化酶活性显著增加，说明IbbZIP1基因提高了转基因拟南芥的耐盐能力。Liu等[21]研究发现，一个bHLH转录因子，NtbHLH123，可以结合NtRbohE基因启动子上的盐响应基序。实验结果表明，NtbHLH123转录因子通过上调NtRbohE的表达和调节ROS动态平衡以增强植物的耐盐性。Bo等[22]证明了ZmWRKY20和ZmWRKY115转录因子在细胞核内相互作用，直接与ZmbZIP111的启动子结合，抑制该基因的表达，从而提高玉米幼苗对盐胁迫的敏感性。

1.3 NAC转录因子的研究进展

1.3.1 NAC转录因子简介

据报道，NAC转录因子（NAM，ATAF 1/2和CUC 2）是最大的植物特异性转录因子家族之一。植物NAC转录因子在N端区域包含一个高度保守的DNA结合结构域（约150个氨基酸），称为NAC结构域；在C端区域含有一个可变的转录调节结构域，称为NAC转录调控区[23]。NAC转录因子参与了植物的各种生长发育过程，包括叶片衰老、次生壁形成、侧根发育、芽顶端分生组织发育、花发育、植物激素信号传导和细胞分裂，并且响应多种生物及非生物胁迫[24-30]。迄今为止，已在不同种植物中鉴定出大量的NAC转录因子，其中拟南芥（*Arabidopsis thaliana*）含有113个NAC转录因子，烟草（*Nicotiana tabacum*）含有154个，粳稻（*Oryza sativa* subsp. *japonica*）含有170个，小麦

（*Triticum aestivum*）含有263个，高粱（*Sorghum bicolor*）含有131个，番茄（*Lycopersicon esculentum*）含有101个，毛果杨（*Populus trichocarpa*）含有169个NAC转录因子家族成员[31-33]。

1.3.2 NAC转录因子的功能分析

NAC转录因子作为植物最大的转录因子家族之一，能够影响植物的生长发育，以及抵御外界不良环境，并通过激活或抑制下游靶基因，发挥功能以调控植物的生长和对逆境的耐受力[29]。研究结果显示，NAC转录因子主要调节植物的生长发育过程、响应各种激素、参与植物次生细胞壁的合成，以及参与生物和非生物胁迫应答等[34]。

1.3.2.1 NAC转录因子在植物生长发育中的作用

植物生长发育过程中，NAC转录因子在根的发育、种子生长和果实成熟及调控植物叶片衰老中发挥重要作用[35]。

（1）调节根的发育过程。

Mao等[36]研究发现，水稻*OsNAC2*主要在根中表达，并且*OsNAC2*作为生长素和细胞分裂素相关基因的上游因子，通过调节生长素和细胞分裂素进而调节植物根部发育过程。Yang等[37]将大豆（*Glycine max*）*GmNAC109*基因在拟南芥中过表达，结果显示，与野生型植株相比，过表达植株*GmNAC109OX-9*和*GmNAC109OX*-10幼苗的侧根数量分别高2倍和1.5倍，表明过表达*GmNAC109*有利于大豆侧根的形成。Quach等[38]以大豆为实验材料，获得过表达*GmNAC004*的转基因拟南芥植物，结果发现在非生物胁迫条件下，过表达植株侧根的数量和长度增加，并且在水分胁迫条件下保持更高的侧根数量和长度；通过转录组分析发现，该基因能够抑制ABA信号传导，促进生长素信号传导，从而增加转基因拟南芥的侧根发育。Mahmood等[39]通过GUS染色实验发现，拟南芥*ANAC046*基因主要在根中表达，并通过qRT-PCR分析发现，与野生型相比，过表达*ANAC046*植株根组织的木栓质含量显著升高，结果表明，*ANAC046*主要介导拟南芥根中木栓质的生物合成。Huysmans等[40]研究发现，拟南芥的ANAC087和ANAC046是根冠细胞死亡调节因子，这2个基因的异位过表达能够激活根冠细胞死亡相关基因，诱导根冠细胞死亡。

（2）影响种子的生长与果实成熟。

Yu等[41]发现水稻OsNAC2能够激活*OsACO*和*OsACO3*基因的表达，促进乙烯的合成，并通过 ABA 途径共同调节水稻种子的萌发和幼苗的生长。Shinde 等[42] 通过在拟南芥中过表达 *PgNAC21* 基因，盐胁迫处理后，与对照相比，过表达植株的种子萌发率和鲜重更高，说明 *PgNAC21* 对种子的萌发具有正调控作用。Sun 等[43] 研究发现，在外源 ABA 处理下，*NAC103* 过表达植株在种子萌发和幼苗生长期间对 ABA 更敏感，说明 *NAC103* 能够正向调节拟南芥中的 ABA 反应，从而调节种子萌发及幼苗生长的过程。Shan 等[44] 从香蕉（*Musa acuminata*）果实中获得了 6 个 *NAC* 基因，实验发现乙烯处理后，2 个 *MaNAC* 基因在果实和果皮中显著上调；酵母双杂交和双分子荧光互补实验发现 2 个 MaNAC 与乙烯信号的下游基因相互作用，乙烯不敏感蛋白 MaEIL5 在果实成熟过程中被下调，结果表明，MaNACs 可能通过与乙烯信号相关基因相互作用，来调控香蕉果实的成熟。Guo 等[45] 研究发现从桃（*Amygdalus persica*）的 PpNAC.A59 可以直接与 *PpERF.A16* 的启动子结合，进而促进桃果实中乙烯的生物合成，加快桃果实的成熟。Moyano 等[35] 以草莓（*Fragaria × ananassa*）为实验材料，通过全基因组分析发现，有 6 个 *NAC* 基因在草莓果实发育成熟过程中差异表达；利用 qRT-PCR 技术，发现在果实发育阶段表达水平较低，在后期成熟和衰老阶段表达水平较高，说明这些 *NAC* 基因参与果实的发育和成熟过程。

（3）调控叶片的衰老。

据报道，番茄成熟因子 NOR 能够控制叶片衰老。Ma 等[46] 研究发现，1 个 NAC 转录因子 SlNAP2 是 NOR 的上游基因并调节 NOR 的表达，从而控制番茄叶片的衰老。Mao 等[47] 通过实验发现水稻 *OsNAC2* 基因的异位表达能够加快 ABA 的合成，并且过表达该基因导致植株叶片衰老加快，而编辑株系的叶片衰老延迟。结果表明，*OsNAC2* 能够通过 ABA 信号途径调节叶片衰老过程。Kang 等[48] 利用 qRT-PCR 技术发现，在正常衰老和黑暗诱导衰老条件下，*ONAC096* 基因的表达量迅速增加，进一步分析发现 *ONAC096* 基因能够上调控制叶绿素降解基因及叶片衰老的基因，说明 *ONAC096* 基因对叶片衰老起到一定的调节作用。Li 等[49] 在烟草中鉴定出 154 个 *NAC* 基因，与拟南芥的 NAC 进行系统树构建共分为 15 组，通过 RNA-Seq 和 qRT-PCR 实验发现与衰老相关的基因均属于 NAC-b 和 NAC-f 组，其中过表达 *NtNAC080* 导致拟南芥叶片提前衰老，*NtNAC080* 突变能够延迟叶片衰老，表明 *NtNAC080* 能够调节叶片的衰老过程。Pimenta 等[50] 研究发现，大豆 *GmNAC81* 过表达株系能够加速开花及叶片的衰老，而抑制表达株系中叶片衰老缓慢。结果表明，*GmNAC81* 在叶片衰老过程中发挥积极作用。

1.3.2.2　NAC转录因子影响植物的次生生长

次生细胞壁增厚在植物的生长发育中起到至关重要的作用。据报道，NAC次生细胞壁增厚因子1（NST1）是次生细胞壁形成的关键基因，Zhang等[51]利用酵母双杂交实验，发现拟南芥XND1与NST1相互作用，并且在纤维细胞中，XND1影响了次生细胞壁（SCW）的形成。结果表明，XND1调节了NST1的活性，进而调控SCW的形成。Fang等[52]将棉花（*Gossypium hirsutum*）的直系同源物命名为SND1s（次生壁相关NAC结构域蛋白1）和NST1s，将二者同时沉默导致棉花茎中木质部和韧皮部缺陷发育，但单独沉默SND1s或NST1s没有明显的表型变化。结果表明，棉花SCW相关*NAC*基因有利于调节SCW的形成。Takata等[53]分析了白杨（*Populus alba*）*NST/SND*基因，利用CRISPR/Cas 9技术编辑该基因，镜下观察发现，在编辑突变体中，SCW在木纤维、韧皮部纤维和木质部射线薄壁组织细胞中受到严重抑制，说明*NST/SND*基因是SCW形成的关键调节因子。Zhong等[54]通过实验证明了与*SND1*相似，拟南芥*NST2*和*NST1*在束间纤维和木纤维中大量表达，在茎的导管中不表达，*SND1*和*NST1*同时突变会损坏纤维中次生壁的增厚，*SND1*、*NST1*和*NST2*同时突变会使纤维中次生壁增厚完全消失。结果表明，三者共同调节拟南芥的次生壁生物合成。Hu等[55]以白桦（*Betula platyphylla*）为实验材料，利用qRT-PCR技术发现*BpNAC012*主要在成熟茎中表达，构建*BpNAC012*的过表达及抑制表达载体，并通过农杆菌介导的稳定转化的方法获得转基因株系。结果发现，*BpNAC012*过表达能够促进茎部次生壁的沉积，抑制表达使茎部纤维中次生壁增厚减少；通过盐和渗透胁迫处理，在*BpNAC012*-OE转基因植物的次生木质部和韧皮部纤维中特异性地观察到较高的木质素沉积，这与*BpNAC012*能够大量诱导木质素生物合成基因表达的结果一致，说明在盐和渗透胁迫下，过表达*BpNAC012*能够增强植物木质化程度。Dang等人[56]从草莓中分离并鉴定了一个NST1类似基因*FvNST1b*，*FvNST1b*的过表达上调了*IRX3*、*IRX4*和*IRX12*等与导管分子分化相关的基因的表达，从而导致了次生壁（SCW）的沉积以及木质素的积累。这些结果表明，FvNST1b是一个促进草莓SCW增厚的转录因子。

1.3.2.3　NAC转录因子在植物响应生物胁迫中的作用

生物胁迫是指由于感染和竞争从而影响植物生存与发育的多种生物因素的总称，如病、虫、草害等[57]。据报道，NAC转录因子在响应生物胁迫方面发挥了重要作用。王培等[58]从小麦 cDNA 文库中筛选到 1 个新的小麦 NAC 家族基因 *TaNAC025*，利用基因枪法获得该基因的过表达转基因植株，接种条锈菌后发现，对照植株单位面积内的孢子堆数量更多。结果表明 *TaNAC025* 正调控小麦对条锈病的抗性。Xu 等[59]利用病毒诱导的基因沉默技术（VIGS）沉默 *TuNAC69* 基因，发现沉默该基因会降低小麦的抗条锈病能力；而在拟南芥中过表达 *TuNAC69* 基因，则增强拟南芥对白粉病菌的抗性，说明 *TuNAC69* 在抵抗病原菌过程中发挥了正向调控的作用。Zhang 等[60]从小麦中克隆了 *TaNAC069*，并利用 VIGS 技术沉默该基因。结果表明，*TaNAC069* 沉默的植株对叶锈菌的抗性显著降低，说明 *TaNAC069* 基因能够正向调控小麦对叶锈菌的抗性。赵晨光等[61]从小麦转录组数据中获得了一个响应叶锈病的 *TaNAC035* 基因，qRT-PCR 结果显示，*TaNAC035* 在叶中表达量较高，并且与野生型相比，该基因的沉默诱导植株抑制了叶锈病的侵染。结果表明，*TaNAC035* 能够调控小麦对叶锈病的抵抗能力。王子元[62]利用 qRT-PCR 技术检测接种纹枯病菌后水稻 *NAC90* 基因的表达量，发现该基因表达上调。然后构建 *NAC90* 过表达植株及基因编辑突变体，结果表明，与野生型植株相比，过表达植株具有较强的抗病性，而突变体植株更敏感，说明 *NAC90* 正向调控水稻对纹枯病菌的抗性。Sun 等[63]分析发现，*LrNAC35* 在矮牵牛（*Petunia hybrida*）中异位过表达，能够引起植物对黄瓜花叶病毒和烟草花叶病毒的易感性降低，并且增强细胞壁中木质素的积累。结果表明，*LrNAC35* 在宿主防御病毒攻击的转录调节过程中具有积极作用。He 等[64]研究发现，NAC 转录因子 GhATAF1 能够被黄萎病菌高度诱导，并且过表达 *GhATAF1* 增加了棉花对灰霉菌和大丽轮枝菌的敏感性，同时抑制了水杨酸和茉莉酸介导的信号转导过程。结果表明，GhATAF1 通过调节植物激素信号网络，在响应生物胁迫的过程中发挥重要作用。

1.3.2.4 NAC 转录因子在植物响应非生物胁迫中的作用

非生物胁迫是指不利于植物生长发育的一系列非生物环境因素，包括极端温度、干旱和盐等[65]。

（1）响应植物低温胁迫。

低温胁迫是抑制植物生长的主要环境因素之一，低温胁迫分冷害（小于 20 ℃）和冻害（小于 0 ℃）两种，通过直接抑制代谢反应和间接产生渗透与氧化胁迫，进而引起植物生长发育和生理过程的多种变化，显著影响植物的生长及产量[66]。Guo 等[67]以辣椒（*Capsicum annuum* L.）为实验材料，利用 VIGS 技

术沉默 *CaNAC2* 的表达，发现辣椒幼苗对冷胁迫的敏感增加。结果表明，*CaNAC2* 基因受低温诱导。Hou 等[68]从辣椒中克隆了 1 个 *CaNAC064* 基因，在冷胁迫下，与野生型相比，过表达转基因拟南芥表现出较低的丙二醛（MDA）含量、冷害指数和相对电导率含量。结果表明，*CaNAC064* 正向调节植物的耐寒性。Jin 等[69]分析了杜梨（*Pyrus betulifolia*）*PbeNAC1* 基因的功能，发现 *PbeNAC1* 的过表达植株与野生型相比，活性氧（ROS）含量较高，酶活性较高，因此对冷胁迫具有较高的耐受性，说明该基因正调控植物的抗寒性。Han 等[70]构建了 *MbNAC25* 过表达载体，并获得过表达转基因拟南芥植株，在 4 ℃低温胁迫下，该基因的过表达拟南芥的存活率显著高于野生型，说明该基因能够增强转基因植物对寒冷的耐受性。鲁琳等[71]通过转录组测序分析低温处理 12 h 花烟草（*Nicotiana alata*）的转录调控机制，结果发现，有 19 个 NAC 转录因子的表达量发生了显著变化，说明这 19 个 NAC 转录因子可能响应低温胁迫并发挥一定的功能。Hu 等[72]将 *SNAC2* 基因在粳稻中过表达，在冷胁迫下，与野生型相比，转基因植物的细胞膜稳定性更高。统计结果显示，有超过 50% 的转基因植物仍保持活力，说明 *SNAC2* 的过表达可以提高植物对冷胁迫的耐受性。Huang 等[73]分析发现，冷胁迫后，与野生型相比，水稻 *ONAC095* 抑制表达转基因株系的耐寒性减弱。结果表明，*ONAC095* 正向调控水稻对冷胁迫的响应过程。Li 等[74]将 *SlNAC1* 在拟南芥中过表达，发现在冷胁迫处理下，*SlNAC1* 转基因拟南芥具有较高的存活率，说明 *SlNAC1* 作为一种应激反应性蛋白发挥作用，增强了转基因拟南芥的冷胁迫耐受性。

（2）响应植物高温胁迫。

另外，由于全球变暖，越来越多陆地植物受到高温胁迫。温度胁迫影响植物的地理分布，降低植物生产力，从而威胁粮食安全[75]。Wu 等[76]从百合中筛选了一个 *LlNAC014* 基因，采用拟南芥异源表达的方法，分析发现 *LlNAC014* 通过感知高温并转移到细胞核激活 DREB2-HSFA3 模块可以提高耐热性。Srivastava 等[77]在豌豆中发现两个 *VuNAC1* 和 *VuNAC2* 基因，与对照相比，过表达 *VuNAC1* 和 *VuNAC2* 转基因豌豆在高温下能够开花并且有更好的结荚产量。研究结果表明，VuNAC1/2 TFS 具有对植物高温胁迫的耐受性。

（3）响应植物干旱胁迫。

干旱是全球面临的主要环境压力之一，影响植物的生长和发育，甚至导致植物死亡。曹瑞兰等[78]分析了油茶（*Camellia oleifera* Abel.）67 个 *NAC* 基因，其中，在干旱条件下，*CoNAC51* 和 *CoNAC52* 在不同油茶品种中的表达量显著上调，说明 *CoNAC* 基因与油茶的抗旱性有关。Huang 等[79] 研究发现在干旱条件下，小麦 *TaNAC29* 在拟南芥中大量表达，并且与野生型植物相比，*TaNAC29* 转基因株系的抗氧化酶活性显著提高，表明 *TaNAC29* 在植物响应干旱胁迫中起到一定的调控作用。Borràs 等[80] 通过转录组测序分析获得 2 个干旱胁迫响应基因 *CaNAC072* 和 *CaNAC104*，利用 VIGS 分别沉默这 2 个基因，结果发现，沉默 *CaNAC104* 基因不影响辣椒的耐旱性，而 *CaNAC072* 增加了植株对干旱胁迫的耐受性，说明 NAC 作为转录开关在辣椒干旱胁迫响应中发挥作用。Ma 等[81] 研究发现，在干旱条件下，CaNAC4 作为一种正调节剂，可激活 ROS 清除酶并提高转基因拟南芥植物对干旱胁迫的耐受性。李鹏祥[82] 从栽培花生（*Arachis hypogaea*）基因组中鉴定出 132 个 *NAC* 基因，并从中选出 *AhNAC14*、*AhNAC20* 和 *AhNAC120* 3 个基因进行功能研究，发现 3 个基因能够响应干旱胁迫，这为后期研究花生的耐旱性及遗传改良提供了参考。Fang 等[83] 将 *SNAC3* 基因在水稻中过表达，发现由甲基紫精（MV）引起的干旱和高温等胁迫条件下，转基因植物的耐受性增强，而通过 RNAi 介导的 *SNAC3* 抑制表达株系对这些胁迫的敏感性增加。结果表明，*SNAC3* 在应激反应中起正调控作用。Zhang 等[84] 以黄麻（*Corchorus capsularis* L.）为实验材料，通过农杆菌介导的遗传转化方法获得了 *CcNAC1* 过表达转基因植株，与对照植物相比，*CcNAC1* 基因的过表达增加了黄麻的耐旱性，表明 *CcNAC1* 正向调节黄麻的抗旱性。Tak 等[85] 通过表达分析发现香蕉 *MusaNAC042* 基因的表达与干旱胁迫成正相关，然后获得了香蕉过表达 *MusaNAC042* 转基因株系，并发现与对照植株相比，转基因香蕉株系具有较高的总叶绿素含量和较低的丙二醛（MDA）含量。该研究结果表明，*MusaNAC042* 能够提高香蕉对干旱胁迫的耐受性。

（4）参与植物的盐胁迫响应。

土壤盐渍化是全球面临的主要环境问题之一，可破坏植物细胞的离子和渗透平衡，抑制其生长发育，降低农作物的产量和品质，从而成为制约现代农业健康可持续发展的世界性难题[86]。据报道，Li 等[87] 以猕猴桃（*Actinidia chinensis Planch*）为实验材料，在 120 个 *AvNAC* 基因中筛选到一个 *AvNAC030* 基因，采用拟南芥异源表达的方法，分析发现，与对照植株相比，过表达拟南芥具有更高的渗透调节能力，并且抗氧化防御机制有所改善。结果表明，该基因可增强猕猴桃的盐胁迫耐受性。Hoang 等[88] 对大豆 *GmNAC085* 基因进行了功能分析，发现过表达 *GmNAC085* 的转基因大豆植物比野生型植物发芽率更高，并且转基因植物具有更好的抵御盐分诱导的氧化应激的防御系统、更高的抗氧化酶活性和更有效的离子调节能力。结果表明，*GmNAC085* 可能在植物适应盐分条件中发挥正调控作用。Rahman 等[89] 通过农杆菌介导的遗传转化法获得了过表达 *NAC67* 转基因水稻，研究发现，转基因水稻在盐胁迫时，与对照植株相比，根和茎的生物量更高，并且在解除盐胁迫时的恢复能力更好，表明 *NAC67* 的过表达能增强水稻对盐胁迫的耐受性。Dudhate 等[90] 以珍珠粟（*Pennisetum glaucum*）为实验材料，通过全基因组分析获得了 151 个 NAC 转录因子，其中有 30 个 NAC 转录因子可能响应盐胁迫，利用 qRT-PCR 分析部分基因的表达模式，发现这些基因能够被盐胁迫诱导上调或下调，表明 PgNAC 可能响应盐胁迫并发挥一定的功能。王立国等[91] 在烟草中过表达陆地棉（*Gossypium hirsutum*）的 1 个 *NAC* 基因 *GhSNAC1*，结果发现在盐胁迫处理下，与野生型相比，转基因株系的种子萌发率显著高于野生型烟草，转基因株系的长势优于野生型。结果表明，*GhSNAC1* 在植物耐盐胁迫中起到正向调控的作用。Zhang 等[92] 获得了水稻 *OsNAC3* 过表达转基因植株，与对照植物相比，*OsNAC3* 降低了盐胁迫的敏感性；同时获得了 *OsNAC3* 的编辑株系，其与过表达植株的作用效果相反。结果表明，*OsNAC3* 能够正向调控水稻的耐盐性。Liu 等[93] 研究发现，拟南芥 NAC 基因 *ATAF1* 能够被高盐胁迫显著诱导表达，然后在水稻中过表达该基因，发现转基因水稻具有较高的耐盐性，说明该基因增强了转基因水稻对盐胁迫的耐受性。Hong 等[94] 研究发现，在 150 mmol/L 的 NaCl 处理下，与野生型水稻相比，过表达 *ONAC022* 的转基因水稻的根和芽中的 Na^+ 积累量较少，并且水稻的耐盐性增强，表明该基因对水稻的耐盐性具有正向调节作用。

1.3.3　NAC 转录因子的耐盐调控机制

为了适应不断变化的环境，以及满足生长发育的需要，植物进化出一套复杂的信号转导通路来调节响应。例如，通过调节离子平衡、ROS 积累、转录因子与顺式作用元件互作等多种机制来响应盐胁迫信号。

1.3.3.1　NAC 转录因子通过调节离子平衡和 ROS 积累响应盐胁迫

为了抵御盐胁迫，植物通过限制 Na^+ 的吸收和增加 Na^+ 的外流来调节细胞内离子的动态平衡，特别是 Na^+/K^+ 比值，以减少离子毒害和渗透胁迫造成的伤害[95]。Du 等[96] 鉴定了番茄中的 NAC 转录因子 SlNAP1，发现 *SlNAP1* 在盐胁迫下被显著诱导，与盐胁迫相关的基因（*NHX1*、*HKT1；2* 和 *SOS1*）在盐胁迫下的表达显著上调。与对照植株相比，过表达 *SlNAP1* 转基因番茄植株叶片和根中 Na⁺含量降低，K⁺含量升高，超氧化物歧化酶（SOD）、过氧化物酶（POD）和抗氧化酶合成基因的表达水平显著提高，过表达 *SlNAP1* 转基因番茄植株积累较少的丙二醛、过氧化氢和 O²⁻，改善了抗氧化防御系统，有助于提高耐盐性。以上结果表明，*SlNAP1* 通过调节离子稳态和积累代谢来积极地调节番茄的耐盐性。He 等 [97] 研究发现，过表达 *ANAC069* 盐胁迫下会抑制 *P5CS* 和 *POD*、*SOD* 和 *GST* 基因的表达，从而减少脯氨酸含量并提高 ROS 清除能力，增强对盐和渗透胁迫的耐受性。Wen 等 [98] 分析了烟草 *NtNAC028* 基因在盐处理下促进了 *NtNAC028* 转基因株系中 ROS 清除相关基因（*SOD*，*POD* 和 *CAT*）的表达，进而表明 *NtNAC028* 在植物盐响应中起到关键的调控作用。

1.3.3.2 NAC 转录因子通过与顺式作用元件结合响应盐胁迫

Wang 等 [99] 研究发现，ThNAC12 直接与 ThPIP2;5 启动子的 NAC 识别序列（NACRS）结合，然后激活 ThPIP2;5 表达，与对照植株相比，过表达 *ThNAC12* 的转基因植株在盐胁迫下，表现出更高的活性氧清除能力和抗氧化酶活性水平。这些结果表明，*ThNAC12* 在植物中的过表达通过直接调控 ThPIP2;5 在柽柳中的表达来调节 ROS 清除能力，从而增强植株的耐盐性。牛亚妮通过 RNA-Seq 与 ChIP-Seq 联合分析证明了 BpNAC2 转录因子能直接调控下游与抗坏血酸过氧化物酶、SAUR（Small auxin-up RNA）生长素响应蛋白家族，以及 K⁺通道蛋白相关的基因来响应盐胁迫，并对其启动子区的元件进行分析，结果显示这些元件在 ChIP-Seq 中都有富集，说明 BpNAC2 通过与顺式作用元件结合调控植物的耐盐能力 [100]。Hu 等 [101] 研究发现，白桦的 BpNAC012 能够结合核心序列 CGT［G/A］，诱导非生物胁迫响应的基因表达，包括羧酸合成酶、超氧化物歧化酶和过氧化物酶，从而增强 *BpNAC012* 过表达转基因白桦的盐和渗透胁迫耐受性。

1.3.4 次生壁生长相关 NAC 转录因子的调控机制

木材是一种丰富的且可再生的能源，是制浆和实木产品的原材料。木材由次生细胞壁（SCW）组成，而 SCW 由三种主要聚合物组成：纤维素、半纤维素和木质素。

SCW 生物合成是一个复杂且高度调控的过程，涉及多种转录因子 [102]。在拟南芥和杨树等植物中，已经建立了 SCW 合成的多阶段反馈调控网络，拟南芥中的 NAC（SWN）转录因子，包括 NAC 结构域 1（VND1）至 VND7，以及

NAC 结构域蛋白 1（SND1）、NAC 次生壁增厚促进因子 1（NST1）和 NAC 次生壁增厚促进因子 2（NST2）。崔志远[103]以白桦为实验材料，利用 qRT-PCR 技术，发现 BpNAC5 主要在植株成熟的茎中表达，构建过表达载体进行拟南芥转基因，对过表达株系和野生型进行次生生长诱导，结果发现 *BpNAC5* 基因参与调控次生细胞壁的合成，并且对纤维素的合成呈现正调控。Zhong 等[104]研究发现拟南芥 XND1 与 VNDS 相互作用，当 XND1 与 VND6 共表达时，能够将 VND6 隔离在细胞质中。进一步实验结果表明，杨树和水稻的 XND1 同源物也抑制了 VND 的反式激活活性，证明 XND1 在木质部导管发育过程中可能调节 VND 介导的次生壁形成。Zhong 等[105]证明了 ANAC099（SND5）在木质部导管中特异表达，并在调节次生壁生物合成中发挥重要作用，此外，SND5 的同源基因 *ANAC075*（*SND4*）的表达与木质部细胞和束间纤维特异相关，其显性抑制导致纤维细胞的次生壁增厚显著减少，SND5、SND2、SND3 和 SND4 通过结合和激活 SNBE 来调节其靶基因的表达，结果揭示了它们在木材形成过程中调节次生壁生物合成的重要作用。Zhang 等[106]研究发现，XND1 的表达模式与 NST1 相似，且 XND1 在纤维细胞中的上调抑制了 SCW 的形成。Hu 等[101]研究发现 *BpNAC012* 主要在成熟茎中表达，RNA 干扰诱导的 *BpNAC012* 抑制导致茎纤维的次生壁增厚减少，*BpNAC012* 的过表达通过直接结合次生壁 NAC 结合元件位点激活次级壁相关下游基因的表达，导致异位次级壁沉积在茎表皮中，盐和渗透胁迫导致木质素生物合成基因的表达水平升高，并在 *BpNAC012* 过表达系中增加木质素积累。

1.4　研究目的及意义

山新杨（*Populus davidiana* × *Populus bolleana*）是以采自嫩江县高峰林场的山杨为母本，来自乌鲁木齐的新疆杨为父本，于 1964 年进行杂交组合，经 20 年筛选培育而成的杨属树种[107]，属于雌性无性系，具有生长迅速、只开花、不飞絮、树形优美等特点，其在城乡绿化及防护林树种的广泛应用等方面有很大的应用价值[108-109]。近年来，随着气候的恶化，林木的生境受到不良环境的影响，因此培育材质优良及抗逆能力强的林木新品种，在林业生产上具有重要意义。很多研究结果表明，NAC 转录因子在调控植物的次生生长、响应激素和胁迫等方面发挥重要作用，但 NAC 转录因子在山新杨中的功能及调控机制还有很多没有研究清楚，因此，本书对山新杨的 NAC 转录因子开展了相关研究。

在本研究中，根据系统树聚类结果，选取山新杨的 1 个 NAC 基因 *Pdb-NAC17* 进行深入研究。首先，利用实时荧光定量 PCR 技术，分析该基因在杨树的不同组织部位及盐处理下的表达变化。然后构建 *PdbNAC17* 基因的过表达和 CRISPR/Cas9 编辑载体并转化至山新杨，分析该基因的功能；同时研究其转录激活活性，并利用酵母双杂交（Y2H）分析与 NAC 转录因子互作的同源蛋白。利用以转录因子为中心的酵母单杂交技术（TF-Centered Y1H）获得 NAC 结合的顺式作用元件，然后用染色质免疫共沉淀（ChIP）等技术验证，并联合 RNA-Seq 技术获得 PdbNAC17 调控的靶基因及生理学途径，从而解析山新杨 *PdbNAC17* 基因调控耐盐和次生壁形成的分子机制。

第2章　山新杨 *PdbNAC17* 基因的表达分析和亚细胞定位

2.1　实验材料

2.1.1　植物材料

采用植物组织培养的方法大量扩繁山新杨无菌组培苗，培养基配方见2.1.2。山新杨无菌组培苗培养于人工气候室，温度为25 ℃，光周期为12 h光照/12 h黑暗。山新杨土培苗培养于智能温室，温度为25 ℃，相对湿度为65%~70%，光周期为16 h光照/8 h黑暗。

2.1.2　药品及培养基的配制

DAPI染液：使用70%酒精配制，储存浓度100 μg/mL，避光在−20 ℃保存，使用时按1∶1000用PBS稀释，终浓度100 ng/mL。

分化培养基：1/2 MS粉2.47 g/L，蔗糖30 g/L，琼脂粉7 g/L + 0.05 mg/L NAA，0.5 mg/L 6-BA，pH值为5.8。

抽茎培养基：1/2 MS粉2.47 g/L，蔗糖30 g/L，琼脂粉7 g/L + 0.1 mg/L NAA，0.03 mg/L 6-BA，pH值为5.8。

生根培养基：1/2 MS粉2.47 g/L，蔗糖30 g/L，琼脂粉7 g/L + 0.25 mg/L NAA，pH值为5.8。

所有培养基均在121 ℃下高压灭菌20 min，并于室温保存。

2.2　实验方法

2.2.1　山新杨的培养

将山新杨无菌组培苗的茎和叶片切成小块，放于分化培养基中培养2周。

长出丛生苗后，将单棵苗切下并移入抽茎培养基中培养2周，然后放于生根培养基中培养1个月，移栽至灭菌土（基质土：珍珠岩：蛭石=3：1：1）中培养，1个月后进行后续处理实验。

2.2.2 *PdbNAC17* 基因在山新杨不同组织部位中的表达分析

2.2.2.1 山新杨不同组织材料的收集

选取幼嫩的山新杨（1个月大的组培苗）和成熟的山新杨（2个月大的土培苗），分别取根、顶芽、幼嫩的茎、成熟的茎、幼嫩的叶和成熟的叶，其中，每种组织分别来自6棵不同的山新杨苗子，并设置3次生物学重复，将材料于液氮中速冻后保存于−80℃冰箱，后期进行RNA提取实验。

2.2.2.2 RNA的提取

利用植物RNA提取试剂盒的方法，分别提取山新杨不同组织的RNA，完成后进行琼脂糖凝胶电泳检测，以及浓度、纯度的测定。

2.2.2.3 山新杨cDNA合成

利用PCR技术，通过短片段反转录试剂盒合成cDNA，反转录反应体系如表2-1所示。反应条件：热盖温度95℃；37℃，15 min；85℃，5 s。反转录结束后，将cDNA保存于−20℃冰箱，稀释5倍用于实时荧光定量PCR实验。

表2-1　反转录反应体系

试剂	使用量/µL
5×PrimeScript RT Master Mix	4
Total RNA（1 µg/µL）	1
RNase Free ddH$_2$O	定容至20

2.2.2.4 实时荧光定量PCR检测

根据山新杨 *PdbNAC17* 基因全长CDS序列设计引物（如表2-2所示），利用qRT-PCR技术分析该基因的表达模式。以泛素（Ubiquitin，登录号：XM_035064935）和肌动蛋白（Actin，登录号：KR180380）为内参引物（每种处理均设置生物学重复及技术性重复，每种重复3次），反应体系如表2-3所示，反应程序：95℃　30 s；（95℃　20 s，55℃　30 s，72℃　30 s）×45个循环；60℃读板15 s。

表2-2 qRT-PCR引物序列

引物名称	引物序列（5'-3'）
Ubq-F	ACCTCCAACAGTCCGCTTTGTC
Ubq-R	CAGTCCAGCTCTGCTCCACAAT
Actin-F	CAACTGCTGAACGGGAAAT
Actin-R	TAGGACCTCAGGGCAACG
PdbNAC17-F	CACCCTGACATCATTCCC
PdbNAC17-R	CCTTCTTACCAGCACTCG

表2-3 qRT-PCR反应体系

试剂	使用量/μL
TB Green Premix Ex Taq Ⅱ（2×）	10
引物-F（10 μmol/L）	1
引物-R（10 μmol/L）	1
cDNA模板	2
ddH$_2$O	定容至20

反应结束后，采用$2^{-\Delta\Delta Ct}$方法计算基因的相对表达量。

2.2.3 *PdbNAC17*基因在盐胁迫处理山新杨中的表达分析

使用150 mmol/L NaCl处理苗龄1个月且长势一致的山新杨土培苗，设置3个胁迫处理时间点：3，6，24 h，并以水处理作为对照，每种处理均放置3个生物学重复，采用倒序的方法收样。将植物材料分成根、茎、叶3部分，于液氮中速冻后保存于−80 ℃冰箱，后期提取RNA，反转录合成cDNA，并采用qRT-PCR技术检测*PdbNAC17*基因的相对表达量。然后纯化回收试剂盒进行目的基因产物的回收。

2.2.4 PdbNAC17的亚细胞定位分析

2.2.4.1 山新杨pBI121-*PdbNAC17*-GFP表达载体的构建

（1）目的基因克隆及纯化回收。

以pROKⅡ-*PdbNAC17*质粒为模板，利用基因引物（见表2-4）进行PCR扩增，反应体系见表2-5。PCR反应程序：95 ℃ 3 min；（94 ℃ 30 s，55 ℃ 30 s，72 ℃ 45 s）×30个循环；72 ℃ 7 min。

表2-4　PCR反应引物序列

引物名称	引物序列（5′-3′）
N17-GFP-F	ACTCTAGACTGGTACCCGGGATGGGCGATCATGGC
N17-GFP-R	ACTAGTCAGTCGACCCGGGATTTGGAAAACTGATATC
GFP-F	GTCTTCAAAGCAAGTGGATTG
GFP-R	TTGCCGTAGGTGGCATCGC

表2-5　PCR反应体系

试剂	使用量/μL
dNTP Mix（2.5 mmol/L）	1.6
10 × Ex Taq Buffer（20 mmol/L）	2
N17-GFP-F（10 μmol/L）	0.5
N17-GFP-R（10 μmol/L）	0.5
Ex Taq酶（5 U/μL）	0.3
模板（<0.5 μg/μL）	1
ddH$_2$O	定容至20

（2）pBI121-GFP质粒的提取及酶切。

将实验室−80 ℃冰箱储存的pBI121-GFP质粒菌种在固体LB培养基（含50 mg/L卡那霉素Kan）上划线活化，在37 ℃培养箱倒置培养12~16 h后，挑单菌落接种于20 mL液体LB培养基（含50 mg/L Kan）中，37 ℃，220 r/min摇床振荡至菌液浑浊。利用质粒提取试剂盒提取pBI121-GFP质粒。然后利用 *Sma* I 酶切，反应体系如表2-6所示。酶切反应程序：25 ℃　4 h。酶切后纯化回收。

表2-6　酶切反应体系

试剂	使用量/μL
10 × Buffer	2
pBI121-GFP质粒（1 μg/μL）	1
Sma I（10 U/μL）	0.5
ddH$_2$O	定容至20

（3）目的基因与pBI121-GFP载体的连接与转化。

利用同源融合的方法将回收后的目的基因与pBI121-GFP载体连接，连接体系如表2-7所示，反应程序：50 ℃　30 min。然后进行大肠杆菌热激转化。

表2-7　连接反应体系

试剂	使用量/μL
Sma I 切后的 pBI121-GFP 载体（200 ng/μL）	1
目的基因（100 ng/μL）	1
连接酶	5
ddH₂O	定容至10

（4）菌液PCR检测。

挑取平板上的单菌落于LB液体培养基（含50 mg/L，Kan）中，220 r/min 振荡培养至菌液浑浊，然后以菌液为模板，使用载体引物（见表2-4）GFP-F 和GFP-R进行菌液PCR检测（扩增的载体长度288 bp），反应体系如表2-8所示，反应程序同基因扩增程序。将条带位置正确的阳性菌落送至生物公司进行测序，测序成功后提取 pBI121-*PdbNAC17*-GFP 质粒。

表2-8　PCR反应体系

试剂	使用量/μL
2 × Taq Master Mix	10
pROK II -F（10 μmol/L）	0.5
pROK II -R（10 μmol/L）	0.5
模板（<0.5 μg/μL）	1
ddH₂O	定容至20

2.2.4.2　基因枪法瞬时转化洋葱

（1）DNA微弹制备。

按照说明制备钨粉混合液，加入5~8 μL质粒DNA（1 μg/μL）、50 μL CaCl₂（使用浓度2.5 mol/L）、20 μL亚精胺溶液（使用浓度0.1 mol/L），然后制备DNA微弹。

（2）受体的制备。

撕取新鲜洋葱的第4~7层鳞茎内表皮2~3 cm²，置于1/2 MS固体培养基上。

（3）瞬时转化洋葱。

①用75%乙醇对基因枪表面及轰击室进行消毒；

②将铺有洋葱表皮的平板置于基因枪的支架上进行轰击；

③轰击结束后，将培养皿放入人工气候室暗培养24~48 h。

（4）DAPI染色与GFP荧光信号检测。

将暗培养后的洋葱表皮置于DAPI染色液中（使用浓度100 ng/mL），避光染色10 min。之后用PBS清洗洋葱表皮3次，制成临时玻片标本，在显微镜下观察并拍照。

2.3 结果与分析

2.3.1 *PdbNAC17* 基因在山新杨不同组织中的表达分析

提取山新杨的根、顶芽、幼嫩的茎、成熟的茎、幼嫩的叶和成熟的叶的RNA，反转录成cDNA后，进行实时荧光定量PCR，分析 *PdbNAC17* 基因的表达情况，结果如图2-1所示。

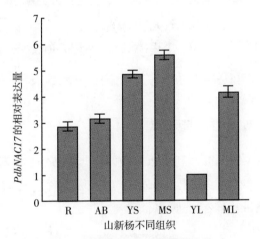

R—根（roots）；AB—顶芽（apical buds）；YS—幼嫩的茎（young stems）；MS—成熟的茎（mature stems）；YL—幼嫩的叶（young leaves）；ML—成熟的叶（mature leaves）。

图2-1 *PdbNAC17* 基因在山新杨不同组织中的表达

结果发现，*PdbNAC17* 基因在幼叶中的表达量最低，将其设置为1作为对照。从图2-1中可以看到，*PdbNAC17* 基因在其他组织中的表达量约是幼嫩的叶中的3~6倍，在茎中表达量较高，并且在成熟的茎中的表达量最高。

2.3.2 *PdbNAC17* 基因在盐胁迫处理山新杨中的表达分析

利用盐（NaCl）胁迫处理山新杨，分析 *PdbNAC17* 基因的表达模式，结果如图2-2所示。从图2-2中可以看到，*PdbNAC17*基因在根和茎中的表达量，随着胁迫时间的增加，呈先上升后下降的趋势，而在叶中的表达量呈逐渐增加的趋势；在NaCl胁迫处理6 h时，*PdbNAC17*基因在根中的表达量最高，约是对照组的7倍。这些结果表明，该基因能够响应盐胁迫，并在盐胁迫下具有组织表达特异性，且在根中的表达变化最大。

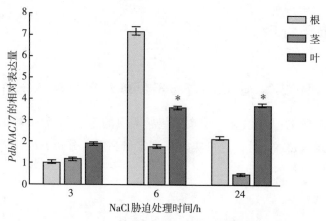

图2-2　*PdbNAC17*基因在盐胁迫山新杨后的表达分析

2.3.3　山新杨pBI121-*PdbNAC17*-GFP表达载体的构建

2.3.3.1　山新杨*PdbNAC17*基因的克隆

以山新杨cDNA为模板，利用PCR技术扩增*PdbNAC17*基因，目的基因长度为588 bp。从图2-3可以看出，*PdbNAC17*基因位置在500 bp和750 bp之间，并且亮度较好，条带特异，可进行后续实验。

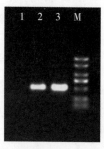

　M—DL2000 DNA Marker（从上到下依次为2 kb，1.5 kb，1 kb，750 bp，500 bp，250 bp，100 bp）；1—空白对照；2~3—*PdbNAC17*。

图2-3　*PdbNAC17*基因的扩增

2.3.3.2 大肠杆菌菌液 PCR 鉴定

将回收后的目的基因与 *Sma* I 酶切后的 pBI121-GFP 载体进行同源融合及热激转化，挑取平板上的单菌落，用载体引物进行菌液 PCR 检测，结果如图 2-4 所示。目的条带在 750 bp 和 1000 bp 之间，其中目的基因长度为 873 bp，将条带位置正确的菌液送至生物公司进行测序，测序结果比对无误，表明 pBI121-*PdbNAC17*-GFP 表达载体构建成功。

M—DL2000 DNA Marker；1~3—pBI121-*PdbNAC17*-GFP；4—空白对照。

图2-4　pBI121-*PdbNAC17*-GFP **大肠杆菌菌液 PCR**

2.3.4 PdbNAC17 的亚细胞定位分析

提取测序成功后阳性的质粒，采用基因枪技术将用钨粉包埋后的质粒对洋葱表皮进行轰击，结果如图 2-5 所示。

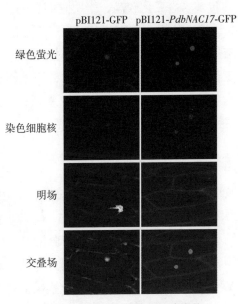

图2-5　PdbNAC17 的亚细胞定位

利用DAPI染细胞核，以pBI121-GFP质粒作为对照，从图2-5中可以看出对照在细胞膜和细胞核内均有荧光，而pBI121-*PdbNAC17*-GFP只在细胞核中检测到荧光，表明PdbNAC17转录因子定位于细胞核。

2.4 讨论

2.4.1 *PdbNAC17*基因的表达分析

Ji等[110]利用qRT-PCR技术，分析了13个*MlNAC*基因在南荻植物的不同组织中的表达量，发现它们在根、成熟的茎、嫩茎、叶和鞘中显示出不同的组织特异性表达模式。Hu等[101]研究发现，白桦的*BpNAC012*基因在根、顶芽、幼嫩的茎、成熟的茎、幼嫩的叶和成熟的叶中均有表达，其中在根中表达量最低，在茎中表达量较高，并且在成熟的茎中表达量最高。在本章中，分析了*PdbNAC17*基因在山新杨的不同组织中的表达，结果发现*PdbNAC17*基因具有组织表达特异性，并且在成熟的茎中表达量最高。

有研究发现，辣椒的*CaNAC035*基因能够被盐胁迫诱导表达，并且随着处理时间的增加，该基因的表达量逐渐增加，表明该基因能够响应盐胁迫[111]。Ji等[110]研究发现，在盐胁迫处理下，4个NAC基因（*MlNAC1*、*MlNAC2*、*Ml-NAC4*和*MlNAC12*）的转录水平变化较高，表明它们在南荻植物的盐胁迫响应中起重要作用。在本章中，分析了*PdbNAC17*基因在盐胁迫后的山新杨的根、茎、叶中的表达，结果发现，与未胁迫处理的对照相比，*PdbNAC17*基因在NaCl处理下的表达变化较大，并且在胁迫6 h时，该基因在根中的表达量最高，约为对照的7倍。这些结果表明，*PdbNAC17*基因在山新杨的盐胁迫响应过程中起着重要的调控作用。

2.4.2 PdbNAC17转录因子的亚细胞定位

有研究表明，典型的转录因子通常位于植物细胞的细胞核中。Liu等[112]研究了棉花MYB36转录因子的亚细胞定位情况，通过构建GhMYB36-GFP表达载体并转化至烟草，结果发现仅在细胞核中检测到GhMYB36-GFP荧光，表明GhMYB36定位于植物细胞核中。Fei等[113]为了研究秋茄树KoWRKY40的亚细胞定位，将KoWRKY40与GFP的融合表达载体分别瞬时转化至烟草本氏烟草的表皮叶细胞，DAPI染色显示35S-KoWRKY40-GFP融合蛋白定位于细胞核中，而35S-GFP蛋白作为对照分布在细胞核和细胞质中。结果表明，KoWRKY40是一种核定位蛋白。本研究通过构建pBI121-*PdbNAC17*-GFP融合表达载体，采用基因枪技术轰击洋葱表皮，并进行DAPI染色，结果显示pBI121-PdbNAC17-GFP融合蛋白仅在细胞核中发出荧光，表明PdbNAC17是一种核定位蛋白。

2.5 本章小结

本章研究发现，山新杨的*PdbNAC17*基因具有组织表达特异性，并且在成熟的茎中表达量最高，说明其可能参与茎成熟的发育过程；盐胁迫处理的定量结果显示，该基因能够响应山新杨的盐胁迫信号转导。进一步的亚细胞定位分析发现，PdbNAC17定位于细胞核。本章实验为后续研究该基因的功能奠定了前期基础。

第3章　山新杨*PdbNAC17*基因的功能研究

3.1　实验材料

3.1.1　植物材料

山新杨组培苗和土培苗。

3.1.2　菌种及载体

Top10大肠杆菌、EHA105农杆菌、pROK Ⅱ过表达载体、pEgP237的CRISPR/Cas9载体，均保存于实验室。

3.1.3　药品及培养基配制

（1）山新杨生根培养基：1/2 MS粉2.47 g/L，蔗糖30 g/L，琼脂粉6.5 g/L+0.25 mg/L NAA，pH值为5.8，121 ℃，20 min高温高压灭菌。

（2）山新杨分化培养基：1/2 MS粉2.47 g/L，蔗糖30 g/L，琼脂粉6.5 g/L+0.05 mg/L NAA，0.5 mg/L 6-BA，pH值为5.8，121 ℃，20 min高温高压灭菌。

（3）山新杨抽茎培养基：1/2 MS粉2.47 g/L，蔗糖30 g/L，琼脂粉6.5 g/L+0.1 mg/L NAA，0.03 mg/L 6-BA，pH值为5.8，121 ℃，20 min高温高压灭菌。

（4）1/2 MS液体培养基：1/2 MS粉2.47 g/L，蔗糖30 g/L，pH值为5.8，121 ℃，20 min高温高压灭菌。

（5）AS：用二甲基亚砜（DMSO）溶解乙酰丁香酮，储存浓度为150 mmol/L，抽滤灭菌，−20 ℃保存，使用浓度为150 μmol/L。

（6）Kan：去离子水溶解药粉末，储存浓度为50 mg/mL，抽滤灭菌，−20 ℃保存，使用浓度为50 mg/L。

（7）Rif：DMSO溶解药粉末，储存浓度为50 mg/mL，抽滤灭菌，−20 ℃保存，使用浓度为50 mg/L。

（8）Cef：去离子水溶解药粉末，储存浓度为200 mg/mL，抽滤灭菌，−20 ℃保存，使用浓度为200 mg/L。

（9）LB培养基：蛋白胨10 g/L，酵母提取物5 g/L，NaCl 10 g/L，pH值为7.0，固体培养基需另加琼脂10 g/L。

（10）DAPI染液：使用70%酒精配制，储存浓度为100 μg/mL，避光−20 ℃保存，使用时按1∶1000用PBS稀释，终浓度为100 ng/mL。

（11）磷酸缓冲液：92 mL的0.2 mol/L NaH$_2$PO$_4$溶液与8 mL的0.2 mol/L Na$_2$HPO$_4$溶液混合，pH值为5.8。

（12）DAB染色液：取DAB药品粉末溶于磷酸缓冲液中，浓度为1 mg/mL。

（13）NBT染色液：取NBT药品粉末溶于磷酸缓冲液中，浓度为0.5 mg/mL。

（14）Evans blue染色液：取药品粉末溶于无菌水中，浓度为1 mg/mL。

（15）PI染色液：将PI药粉溶于无菌水中，储存浓度为1 mg/mL，−20 ℃保存，使用浓度为100 μg/mL。

（16）脱色液：95 mL的75%无水乙醇和5 mL的5%甘油混合。

（17）诱导气孔开放液：30 mmol/L KCl，10 mmol/L Mes-KOH，pH值调至6.15。

（18）10%三氯乙酸溶液：10 g TCA用去离子水定容至100 mL。

（19）0.6%硫代巴比妥酸：0.6 g TBA用10% TCA溶液定容至100 mL。

（20）脯氨酸标准液：去离子水溶解25 mg脯氨酸定容至250 mL，浓度为100 μg/mL，取10 mL，用去离子水稀释为100 mL，终浓度为10 μg/mL的脯氨酸标准液。

（21）显色液：2.5%酸性茚三酮，冰乙酸和6 mol/L磷酸为3∶2。

（22）FAA固定液：70%乙醇90 mL，甲醛5 mL，冰乙酸5 mL。

（23）甲苯胺蓝染色液：去离子水溶解，储存浓度为0.5%，使用终浓度为0.025%，4 ℃避光。

（24）间苯三酚染色液：称取0.25 g间苯三酚粉末于5 mL的95%乙醇中，染色切片组织时与浓盐酸配合使用。

（25）荧光增白剂：去离子水稀释使用，使用浓度为0.1%。

3.2 实验方法

3.2.1 山新杨*PdbNAC17*基因的过表达载体构建

（1）山新杨*PdbNAC17*基因的扩增。

根据*PdbNAC17*的 CDS 序列，将 *Sma* Ⅰ识别的酶切位点引入基因的两端，引物为 pROK Ⅱ-PdbNAC17-F 和 pROK Ⅱ-PdbNAC17-R，序列如表 3-1 所示。以山新杨的 cDNA 为模板进行 PCR 扩增，反应体系如表 3-2 所示。反应程序 95 ℃ 1 min；（94 ℃ 30 s，55 ℃ 30 s，72 ℃ 45 s)×35 个循环；72 ℃ 7 min。结束后纯化回收。

表 3-1 PCR引物序列

引物名称	引物序列(5′-3′)
pROK Ⅱ-PdbNAC17-F	CTCTAGAGGATCCCCATGGGCGATCATGGCTGCAG
pROK Ⅱ-PdbNAC17-R	TCGAGCTCGGTACCCCTAATTTGGAAAACTGATATC
pROK Ⅱ-F	AGACGTTCCAACCACGTCTT
pROK Ⅱ-R	CCAGTGAATTCCCGATCTAG

表 3-2 PCR反应体系

试剂	使用量/μL
dNTP Mix（2.5 mmol/L）	1.6
10×Ex Taq Buffer	2
pROK Ⅱ-PdbNAC17-F（10 μmol/L）	0.5
pROK Ⅱ-PdbNAC17-R（10 μmol/L）	0.5
Ex Taq酶（5 U/μL）	0.3
模板（<0.5 μg/μL）	1
ddH₂O	定容至20

（2）pROK Ⅱ质粒的提取及酶切。

提取 pROK Ⅱ质粒，利用 *Sma* Ⅰ酶切，反应体系如表 3-3 所示。反应条件：25 ℃ 4 h。结束后纯化回收。

表 3-3　酶切反应体系

试剂	使用量/μL
10 × Buffer	2
pROK Ⅱ 质粒（1 μg/μL）	1
Sma Ⅰ（10 U/μL）	1
ddH₂O	定容至 20

（3）基因与 pROK Ⅱ 的连接与转化。

将基因产物与酶切后的 pROK Ⅱ 载体连接，反应体系如表 3-4 所示。反应条件：37 ℃　15 min，50 ℃　15 min。然后进行大肠杆菌转化。

表 3-4　同源融合的反应体系

试剂	使用量/μL
Sma Ⅰ 切后的载体（200 ng/μL）	1
基因产物（100 ng/μL）	1
连接酶	5
ddH₂O	定容至 10

（4）菌液 PCR 检测。

用载体引物 pROK Ⅱ -F 及 pROK Ⅱ -R 进行 PCR 检测，载体引物序列如表 3-1 所示，反应体系如表 3-5 所示。PCR 反应同前，但后延伸时间延长为 80 min。并将条带位置正确的阳性菌送生物公司测序。

表 3-5　PCR 反应体系

试剂	使用量/μL
2 × Taq Master Mix	10
pROK Ⅱ -F（10 μmol/L）	1
pROK Ⅱ -R（10 μmol/L）	1
模板	1
ddH₂O	定容至 20

3.2.2　山新杨 *PdbNAC17* 基因编辑载体的构建

3.2.2.1　山新杨 *PdbNAC17* 基因编辑载体靶点的选择及复性

使用在线网站（http://skl.scau.edu.cn/targetdesign/）预测 *PdbNAC17* 的靶

点，设计靶点引物，序列如表3-6所示。将2对引物复性，反应体系如表3-7所示。反应程序：95 ℃ 5 min，85 ℃ 5 min，75 ℃ 5 min，65 ℃ 5 min，55 ℃ 5 min，45 ℃ 5 min，35 ℃ 5 min，25 ℃ 5 min。

表3-6 基因编辑载体靶点引物序列

引物名称	引物序列（5′-3′）
PdbNAC17-Cas-F1	GATTATGGGCGATCATGGCTGCAG
PdbNAC17-Cas-R1	AAACCTGCAGCCATGATCGCCCAT
PdbNAC17-Cas-F2	GATTCTCATCGAGGCATGAAAGCT
PdbNAC17-Cas-R2	AAACAGCTTTCATGCCTCGATGAG

表3-7 PCR反应体系

试剂	使用量/μL
10×Ex Taq Buffer（20 mmol/L）	2
Primer-F（100 μmol/L）	9
Primer-R（100 μmol/L）	9

3.2.2.2 编辑载体pEgP237质粒的提取与酶切

提取pEgP237质粒，用*Bsa* I酶切，实验步骤同3.2.1。反应体系如表3-8所示。酶切反应程序：37 ℃ 4 h。

表3-8 酶切反应体系

试剂	使用量/μL
10×Buffer	2
pEgP237质粒（1 μg/μL）	1
Bsa I（10 U/μL）	1
ddH$_2$O	定容至20

酶切成功后，纯化回收酶切后的pEgP237载体，保存于–20 ℃冰箱。

3.2.2.3 山新杨*PdbNAC17*基因靶点与pEgP237载体的连接及转化

使用T4 DNA连接酶将2个靶点分别与酶切后的pEgP237载体连接，反应体系如表3-9所示。反应程序：16 ℃，过夜连接。

表3-9 连接反应体系

试剂	使用量/μL
10×T4 ligase buffer	1
T4 DNA ligase	1
目的基因	2
Bsa I 切后的载体（200 ng/μL）	1
ddH$_2$O	定容至10

采用热激转化的方法将连接液加入大肠杆菌感受态细胞中，然后反应挑取单菌落，利用载体引物的F端与靶点引物的R端（载体F端引物位于酶切位点前527 bp），进行菌液PCR检测，实验步骤同3.2.1。将条带位置正确的菌液送生物公司测序，测序成功后将菌种保存于–80℃冰箱中备用。

3.2.3 山新杨*PdbNAC17*基因工程菌的制备

利用质粒提取试剂盒，提取构建好的*PdbNAC17*过表达和编辑载体的质粒。采用电击转化法将其分别转入EHA105农杆菌感受态细胞中。挑取平板上的单菌落于LB液体培养基（含50 mg/L Kan）中，28℃，220 r/min振荡培养直至浑浊。然后以菌液为模板，使用载体引物进行PCR检测，步骤同3.2.1。电泳检测条带位置正确后，将菌种保存于–80℃冰箱中。

3.2.4 山新杨的稳定遗传转化

3.2.4.1 农杆菌介导法转化山新杨

（1）工程菌的活化：通过三区划线的方法，将*PdbNAC17*基因过表达和编辑载体的工程菌于LB固体培养基（含50 mg/L Kan）中活化，28℃培养2 d。

（2）挑取单菌落于50 mL LB液体培养基（含50 mg/L Kan）中，28℃，220 r/min振荡培养，直至OD$_{600}$=0.7。

（3）将菌液移至50 mL离心管中，5000 r/min离心10 min。

（4）弃上清后加入等体积的1/2 MS液体培养基（含150 μmol/L AS）重悬菌体，28℃，180 r/min振荡培养40 min。

（5）将侵染液倒入无菌培养皿中，将山新杨的叶片在侵染液中剪出伤口，然后在侵染液中浸泡5 min。

（6）将切好的叶片放于无菌滤纸上吸干菌液，放于分化培养基（含150 μmol/L AS）中，25 ℃暗培养2~3 d。

3.2.4.2 山新杨抗性苗的筛选

（1）除菌：暗培养结束后，将山新杨的叶片移至分化培养基（含30 mg/L Kan，300 mg/L Cef），培养于人工气候室。

（2）继代培养：将山新杨叶片转移至分化培养基（含30 mg/L Kan，300 mg/L Cef）培养，在人工气候室诱导形成愈伤组织；长出不定芽后转移至抽茎培养基（含40 mg/L Kan，300 mg/L Cef）在人工气候室培养20 d；然后将单棵苗切下，移入生根培养基（含50 mg/L Kan）培养20~25 d，进行后期转基因株系的鉴定。

3.2.5 转基因山新杨株系的鉴定

（1）DNA的提取：使用试剂盒提取转基因植株的DNA。

（2）PCR鉴定：以提取的山新杨转基因植株的DNA为模板，利用载体引物进行基因编辑转基因植株鉴定，即使用pEgP237-F和靶点的R端进行PCR扩增。PCR扩增结束后，电泳检测条带位置，从而鉴定转基因株系。

3.2.6 *PdbNAC17* 基因在该基因过表达山新杨中的表达量分析

利用RNA提取试剂盒提取3个 *PdbNAC17* 过表达转基因山新杨株系的总RNA，qRT-PCR分析该基因的表达量，步骤同2.2.2，引物序列同表2-2，PCR反应体系同表2-3。

3.2.7 *PdbNAC17* 基因编辑测序结果分析

3.2.7.1 基因扩增

以提取的基因编辑抗性苗DNA为模板，扩增基因靶点前后200 bp的序列，引物序列如表3-10所示。反应体系同表2-2。反应程序：95 ℃ 5 min；（94 ℃ 30 s，55 ℃ 30 s，72 ℃ 1 min）×30个循环；72 ℃ 20 min。

表3-10 PCR引物序列

引物名称	引物序列（5′-3′）
PdbNAC17-pam1-F	CTGTCTTCTCTTCTCACTC
PdbNAC17-pam1-R	GGTTCTCCATCACTCGACT
PdbNAC17-pam6-F	GAATGGCAAATCCTACAAG
PdbNAC17-pam6-R	CACAGCAGAACAAGTCTCC

3.2.7.2 目标基因与T载体连接及测序

将纯化回收的基因产物与pMD™18-T载体于16 ℃过夜连接，连接反应体系如表3-11所示。然后通过热激转化的方法转入DH5α大肠杆菌感受态细胞中，PCR检测后，将条带位置正确的阳性菌落送至生物公司测序，检测*PdbNAC17*基因序列的基因编辑情况。

表3-11 连接反应体系

试剂	使用量/μL
pMD™18-T vector（50 ng/μL）	1
Solution Ⅰ	5
目的基因	2
ddH₂O	定容至10

3.2.8 *PdbNAC17*基因的耐盐能力分析

3.2.8.1 组织化学染色

将苗龄20 d山新杨*PdbNAC17*基因过表达转基因植株、基因编辑转基因植株及野生型植株从生根培养基中移出，用150 mmol/L的NaCl溶液胁迫处理12 h，取4~5片植株叶片用于组织化学染色。

Evans blue染色方法同文献［111］。DAB、NBT染色方法同文献［114］。PI染色方法同文献［115］。

3.2.8.2 生理指标检测

将苗龄20 d山新杨*PdbNAC17*基因过表达转基因植株、基因编辑转基因植株及野生型植株的组培苗从生根培养基中移出，使用150 mmol/L的NaCl溶液胁迫处理12 h，然后用液氮速冻，保存于-80 ℃冰箱中，进行SOD（超氧化物歧化酶）、POD（过氧化物酶）、H_2O_2（过氧化氢）、电解质渗透率、钠钾离子、MDA（丙二醛）、游离脯氨酸和失水率含量及气孔开度的测定。其中，POD、SOD和H_2O_2含量采用南京建成生物工程研究所有限公司产的试剂盒进行测定，具体步骤见说明书。其他指标的测定方法如下：

（1）游离脯氨酸含量测定方法同文献［116］。

（2）电解质渗透率的测量方法同文献［117］。

①选取胁迫处理12 h前后6~8片大小一致的新鲜叶片，用去离子水洗净后吸干水分放入50 mL离心管中，加入20 mL超纯水，维持真空状态15 min，用电导仪测电导值，记为S_1。

②将50 mL离心管于90 ℃水浴锅加热20 min，冷却至室温后用电导仪测电导值，记为S_2。

③计算电解质渗透率：$\sigma = S_1/S_2 \times 100\%$。

（3）钠、钾离子摩尔分数的测定。

①分别取3 g组织样本于烘箱中105 ℃杀青20 min，80 ℃恒温过夜烘干。

②称取0.1 g干重粉末于100 mL三角瓶中。

③加6 mL HNO_3，充分混匀。

④加2 mL $HCLO_4$，充分混匀。

⑤于电磁炉1200 W消煮至溶液颜色变浅，800 W至溶液近无色，600 W至溶液无色，室温晾凉。

⑥将溶液转移到容量瓶中，用双蒸水定容至50 mL。

⑦容量瓶上下颠倒混匀，将9.5 mL原液转入15 mL离心管中备用。

⑧往新的15 mL离心管中加入0.5 mL $SrCl_2$、5.5 mL ddH_2O和1.5 mL原液，往剩余的8 mL原液中加0.5 mL $SrCl_2$，混匀备用。

⑨钠、钾离子摩尔分数计算：

$$x(Na^+) = C \times V \div W$$

$$x(K^+) = C \times V \times 5 \div W$$

式中，C——OD测定值；

V——提取液体积，50 mL；

W——样品干重。

（4）丙二醛（MDA）含量测定方法同文献［118］。

（5）失水率测定。

取转基因和野生型山新杨植株的叶片，分别称其叶片鲜重（FW），然后设置不同时间点，0.5，1，1.5，2，3，5 h分别称其鲜重（desiccated weight）DW$_1$一次，最后将叶片80 ℃烘干过夜再称其干重（dry weight）DW$_2$，计算公式：失水率WC%=(FW−DW$_1$)/(FW−DW$_2$)×100%。计算每个时间点的失水率，并设置3次生物学重复，然后绘成折线图。

（6）气孔开度测定。

分别撕取未胁迫处理和胁迫处理1 h的各转基因和野生型山新杨叶片的下表皮，放入诱导气孔开放液中2 h，在显微镜下观察并拍照。

3.2.8.3 盐胁迫转基因山新杨植株的表型分析

将苗龄20 d山新杨 *PdbNAC17* 基因过表达转基因植株、基因编辑转基因植株及野生型植株从生根培养基中移出，移栽至灭菌土（基质土∶珍珠岩∶蛭石=3∶1∶1）中在人工气候室培养20 d，使用200 mmol/L的NaCl溶液胁迫处理野生型及转基因株系10 d，检测植株在盐胁迫下的表型，包括苗子的萎蔫程度、株高、鲜重、茎粗等，测定光合速率和叶绿素含量。

（1）净光合速率的测定。

盐胁迫时，选取生长良好、长势一致的山新杨，每次每处取3片无虫害的成熟叶片，使用LI-6400便携式光合作用测定仪测定山新杨日光合变化，测定净光合速率，测定时间为9∶00—11∶00。

（2）叶绿素含量测定方法同文献［119］。

3.2.9 盐胁迫下抗逆基因在 *PdbNAC17* 转基因山新杨中的表达

提取200 mmol/L NaCl胁迫后的转基因和野生型山新杨的总RNA，反转录成cDNA后，用于做实时荧光定量PCR的模板。

通过查阅文献，从山新杨基因组中找到与抗逆相关的超氧化物歧化酶基因 *SOD*、过氧化物酶基因 *POD* 和脯氨酸相关酶基因 *P5CS*，以及次生壁相关的 *PAL* 基因，设计定量引物（内参及引物序列具体序列见表3-12），利用qRT-PCR技术分析这些基因在盐胁迫下转基因山新杨中的表达模式。

反应程序：95 ℃ 30 s；(95 ℃ 20 s，55 ℃ 30 s，72 ℃ 30 s)×30个循环；60 ℃读板15 s。

表3-12　PCR反应引物序列

引物名称	引物序列（5′-3′）
Ubq-F	ACCTCCAACAGTCCGCTTTGTC
Ubq-R	CAGTCCAGCTCTGCTCCACAAT
Actin-F	CAACTGCTGAACGGGAAAT
Actin-R	TAGGACCTCAGGGCAACG
SOD1-F	GCATGAATTTGGTGACACAAC
SOD1-R	TCAGTGGTATCTGGCTATCCAC
SOD2-F	GCAGTGAAGGTGTGAGTGGCA
SOD2-R	CCCAGATCACCAGCATGACGAT
SOD3-F	GCTCTGTGAAAGCGGTGGC
SOD3-R	ATTGCAGCCGTTGGTGGT
SOD4-F	ATGGCTCTACGCTCTCTCGT
SOD4-R	CTGGTGGTGTTTCTGGTGAT
SOD5-F	ACAGAGCTAGATGACATGT
SOD5-R	CAGCCGACTTGAACTCTTC
POD1-F	CGGATCCCGATCCACAGGAAGT
POD1-R	ACAACAACACCACAGCCCTTGA
POD2-F	CCGTGTTGGATATTCGATCTC
POD2-R	ATCATTGCAACCACAAACTTATC
POD3-F	TTAGGGTACTGCACG
POD3-R	ATAAGGGTCTGCCTCTGG
POD4-F	AGAGGTGCTGTTAGAGAT
POD4-R	TCAGCACACGAAACGACTC
POD5-F	TAGGCTTCACTTCCATGACTG
POD5-R	CAACCGATTCTTCAGCTGCG
POD6-F	GTCTCGTGTGCTGATATCC
POD6-R	CTGAGAGAGCAATCATGTC
POD7-F	CTGCAAGAGATTCTACCGT
POD7-R	CTGGTGCACCGAGCATTTC
P5CS-F	GACCAGATGCACTAGT
P5CS-R	CAATAAGTCTTCCACC
PAL-F	GGCAAGCTCCTATTCGCTCAGT
PAL-R	GATTGTGCTGCTCGGCACTTTG

3.2.10 *PdbNAC17*基因在山新杨木质部发育中的功能

选取在人工气候室培养苗龄25 d的*PdbNAC17*基因过表达转基因植株、基因编辑转基因植株及野生型山新杨茎组织材料，浸泡在FAA固定液里，利用滑动式切片机进行切片，获得15 μm的茎段横切面。并进行甲苯胺蓝、盐酸间苯三酚和荧光增白剂染色，在显微镜下观察木质部的发育情况。

3.3 结果与分析

3.3.1 山新杨*PdbNAC17*基因过表达载体构建及工程菌制备

3.3.1.1 *PdbNAC17*基因的克隆

以山新杨的cDNA为模板，利用PCR技术扩增*PdbNAC17*基因的CDS全长，*PdbNAC17*基因的长度为588 bp。从图3-1可以看出，*PdbNAC17*基因的位置在500 bp和750 bp之间，并且亮度较好，条带特异，可以进行后续实验。

M—DL2000 DNA Marker（从上到下依次为2 kb，1.5 kb，1 kb，750 bp，500 bp，250 bp，100 bp）；1—空白对照；2~6—*PdbNAC17*。

图3-1 *PdbNAC17*基因的扩增

3.3.1.2 *PdbNAC17*基因过表达载体大肠杆菌菌液PCR检测

将回收后的目的基因与酶切后的pROK II 载体进行同源融合及热激转化，挑取平板上的单菌落，用载体引物进行菌液PCR检测，结果如图3-2所示。从图3-2中可以看出，目的条带在1000 bp和1500 bp之间，其中基因长度为588 bp，空载长度为447 bp。将条带位置正确的菌液送生物公司测序，测序结果正确，表明*PdbNAC17*基因过表达载体构建成功。

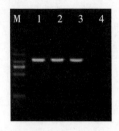

M—DL2000 DNA Marker（从上到下依次为2 kb，1.5 kb，1 kb，750 bp，500 bp，250 bp，100 bp）；1~3—pROKⅡ-*PdbNAC17*；4—空白对照。

图3-2　*PdbNAC17*基因过表达载体大肠杆菌菌液PCR检测

3.3.1.3　*PdbNAC17*基因过表达载体农杆菌菌液PCR检测

提取测序成功后阳性菌的质粒，利用电击转化法制备工程菌，挑取单菌落，使用载体引物进行菌液PCR检测，结果如图3-3所示。从图3-3可以看出，目的条带的位置在1000 bp和1500 bp之间，其中基因长度为588 bp，空载长度为447 bp，表明pROKⅡ-*PdbNAC17*工程菌制备成功。

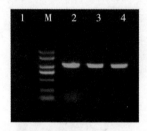

M—DL2000 DNA Marker（从上到下依次为2 kb，1.5 kb，1 kb，750 bp，500 bp，250 bp，100 bp）；1—空白对照；2~4—pROKⅡ-*PdbNAC17*。

图3-3　*PdbNAC17*基因过表达载体农杆菌菌液PCR检测

3.3.2　山新杨*PdbNAC17*基因编辑载体构建及工程菌制备

3.3.2.1　*PdbNAC17*编辑载体大肠杆菌菌液PCR检测

通过在线网站选择*PdbNAC17*基因的2个靶点，并将其构建到pEgP237载体上，以载体引物的F端和靶点引物的R端进行菌液PCR检测，结果如图3-4所示。从图3-4可以看出，目的条带位于500 bp左右，表明2个靶点的载体构建成功。

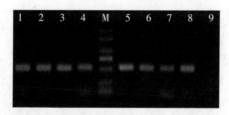

M—DL2000 DNA Marker（从上到下依次为2 kb，1.5 kb，1 kb，750 bp，500 bp，250 bp，100 bp）；1~4—*PdbNAC17*-Cas-1；5~8—*PdbNAC17*-Cas-2；9—空白对照。

图3-4 *PdbNAC17* 基因编辑载体大肠杆菌菌液PCR检测

3.3.2.2 *PdbNAC17* 编辑载体农杆菌菌液PCR检测

分别提取 pEgP237-*PdbNAC17*-Cas-1 和 pEgP237-*PdbNAC17*-Cas-2 这2个载体的质粒，采用电击转化的方法将其转入 EHA105 农杆菌感受态细胞中，然后进行菌液PCR检测，结果如图3-5所示。从图3-5可以看出，目的条带的位置在500 bp 左右，表明这2个靶点的工程菌制备成功。

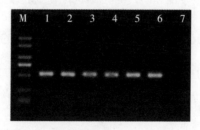

M—DL2000 DNA Marker（从上到下依次为2 kb，1.5 kb，1 kb，750 bp，500 bp，250 bp，100 bp）；1~3—*PdbNAC17*-Cas-1；4~6—*PdbNAC17*-Cas-2；7—空白对照。

图3-5 *PdbNAC17* 基因编辑载体农杆菌菌液PCR检测

3.3.3 山新杨抗性苗的获得

3.3.3.1 山新杨 *PdbNAC17* 基因过表达植株的获得

采用农杆菌介导的遗传转化方法将山新杨 *PdbNAC17* 基因过表达载体转入山新杨中，并利用Kan对转基因山新杨进行抗性筛选，最终获得长势较好的抗性苗，结果如图3-6所示。

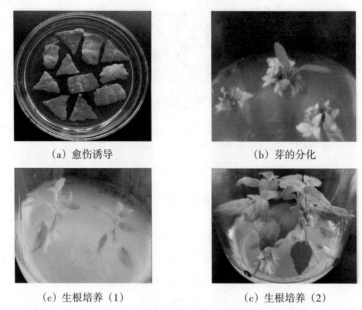

(a) 愈伤诱导   (b) 芽的分化

(c) 生根培养 (1)   (c) 生根培养 (2)

图3-6   *PdbNAC17*基因过表达转基因植株的获得

3.3.3.2   山新杨*PdbNAC17*基因编辑载体转基因植株的获得

采用农杆菌介导的遗传转化方法将山新杨*PdbNAC17*基因编辑载体转入山新杨中，并利用Kan对转基因山新杨进行抗性筛选，最终获得长势较好的抗性苗，结果如图3-7所示。

(a) 分化诱导阶段   (b) 芽的分化 (1)   (c) 芽的分化 (2)

(d) 抽茎培养 (1)   (e) 抽茎培养 (2)   (f) 生根苗

图3-7   *PdbNAC17*基因编辑载体转基因植株的获得

3.3.4　转基因株系的鉴定

3.3.4.1　*PdbNAC17*基因过表达转基因山新杨株系的鉴定

利用DNA提取试剂盒提取抗性筛选获得的抗性苗DNA，并使用载体引物进行PCR鉴定，结果如图3-8所示。从图3-8中可以看出，有3个目的条带的位置接近1000 bp，与阳性对照（pROKⅡ-*PdbNAC17*质粒）位置一致，说明获得了3个过表达转基因株系。

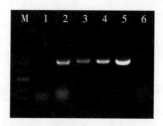

M—DL2000 DNA Marker（从上到下依次为2 kb，1 kb，750 bp，500 bp，250 bp，100 bp）；1—空白对照；2~4—pROKⅡ-*PdbNAC17*；5—阳性对照；6—野生型山新杨DNA。

图3-8　*PdbNAC17*基因过表达转基因植株的鉴定

3.3.4.2　*PdbNAC17*基因编辑载体转基因山新杨株系的鉴定

利用植物DNA提取试剂盒提取抗性苗的DNA，并对载体引物的F端和靶点引物的R端进行PCR检测，结果如图3-9所示。从图3-9中可以看出，有10个目的条带位于500 bp左右，并且14号（以野生型山新杨DNA为模板）无条带，表明共获得了10个编辑载体转基因株系。

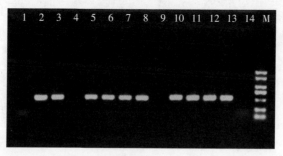

M—DL2000 DNA Marker（从上到下依次为2 kb，1.5 kb，1 kb，750 bp，500 bp，250 bp，100 bp）；1—空白对照；2~13—抗性苗的DNA；14—野生型山新杨DNA。

图3-9　*PdbNAC17*基因编辑载体转基因植株的鉴定

3.3.4.3 *PdbNAC17*基因在过表达转基因株系中的表达量分析

利用qRT-PCR技术分析*PdbNAC17*基因在过表达植株中的相对表达量，结果如图3-10所示。结果表明，*PdbNAC17*基因在过表达转基因山新杨中的表达量大约是在野生型山新杨中表达量的5~40倍，其中，过表达转基因株系OE2中*PdbNAC17*的表达量最高，是野生型植株的40倍。

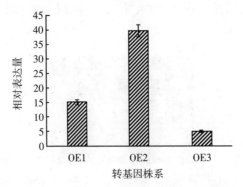

图3-10 *PdbNAC17*过表达阳性植株表达量分析

3.3.4.4 含靶点一的*PdbNAC17*-T载体的PCR检测及编辑株系的测序结果比对

以5个山新杨*PdbNAC17*基因编辑株系的DNA为模板，利用基因引物进行PCR扩增，并与T载体进行连接及热激转化，每个挑取3个菌落进行PCR检测，结果如图3-11所示。2~16号靶点一目的条带在750 bp左右，其中基因长度为361 bp，空载长度350 bp，将条带位置正确的菌落送生物公司测序。

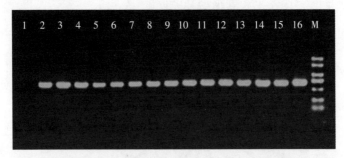

M—DL2000 DNA Marker（从上到下依次为2 kb，1.5 kb，1 kb，750 bp，500 bp，250 bp，100 bp）；1—空白对照；2~16—靶点一5个编辑株系的大肠杆菌菌液。

图3-11 靶点一5个编辑株系的大肠杆菌菌液PCR检测

将测序结果与基因序列进行比对，靶点一测序结果如图3-12所示。结果显示，1~4号株系为杂合体株系，其中，1号株系的一条同源染色体出现了碱基的突变，而另一条同源染色体未发生基因突变；2号株系的一条同源染色体出现了两个碱基的突变，而另一条同源染色体发生了单碱基的突变；3号株系的一条同源染色体缺失了"G"碱基，另一条同源染色体发生单碱基突变；4号株系的一条同源染色体出现了单碱基的缺失"G"，另一条同源染色体未发生基因突变；5号株系为纯合体株系，出现了8个碱基的缺失，将5号株系命名为KO1用于后续实验。

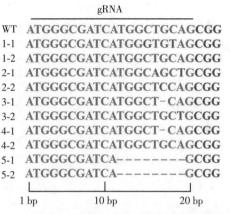

图3-12 靶点一山新杨5个基因编辑株系测序结果

3.3.4.5 含靶点二的 *PdbNAC17*-T 载体的 PCR 检测及编辑株系的测序结果比对

以5个山新杨 *PdbNAC17* 基因编辑株的DNA为模板，利用基因引物进行PCR扩增，并与T载体进行连接及热激转化，每个挑取3个菌落进行PCR检测，结果如图3-13所示。1~15号靶点二目的条带在500 bp和750 bp之间，其中基因长度为344 bp，空载长度350 bp，将条带位置正确的菌落送生物公司测序。

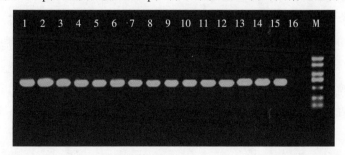

M—DL2000 DNA Marker（从上到下依次为2 kb，1.5 kb，1 kb，750 bp，500 bp，250 bp，100 bp）；1~15—靶点二5个基因编辑株系的大肠杆菌菌液；16—空白对照。

图3-13 靶点二5个基因编辑株系的大肠杆菌菌液 PCR 检测

将测序结果与基因序列进行比对，靶点二测序结果如图 3-14 所示。结果显示，6 号株系未发生基因突变；7~9 号株系为杂合体株系，其中，7 号株系的一条同源染色体出现了双碱基的缺失，而另一条同源染色体没有基因的缺失；8 号株系的一条同源染色体中的 "T" 突变为 "C"，另一条同源染色体中 "A" 突变为 "T"；9 号株系的一条同源染色体出现了碱基的突变，而另一条同源染色体未发生基因突变；10 号株系为纯合体株系，出现了单碱基缺失，将 10 号株系命名为 KO2 用于后续实验。

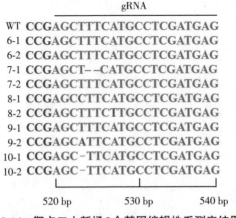

图 3-14 靶点二山新杨 5 个基因编辑株系测序结果

3.3.5 *PdbNAC17* 基因的耐盐能力分析

3.3.5.1 组织化学染色

（1）Evans blue 染色颜色的深浅可以表示细胞受损程度的大小，颜色越深表明细胞受损程度越大（见图 3-15）。

从图 3-15 中可以看出，在对照组中，与野生型相比，*PdbNAC17* 基因过表达株系和基因编辑转基因株系的叶片颜色无明显差别；在盐胁迫下，*PdbNAC17* 基因过表达株系的叶片颜色要比野生型浅，*PdbNAC17* 基因编辑转基因株系的叶片颜色要比野生型深。结果表明，*PdbNAC17* 基因可以降低盐胁迫下的细胞损伤。

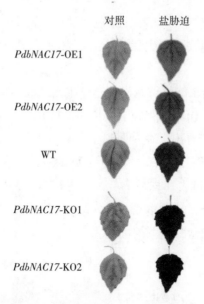

图3-15 盐胁迫下Evans blue染色分析

（2）DAB染色结果能够反映植物细胞内H_2O_2的含量，进而能分析细胞的受损伤程度，细胞内H_2O_2含量越高，DAB染色越深，表明细胞受损越严重（见图3-16）。

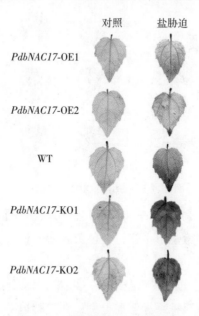

图3-16 盐胁迫下DAB染色分析

从图3-16中可以看出，在对照组中，与野生型相比，*PdbNAC17*基因过表达株系和基因编辑转基因株系的叶片颜色无明显差别；在盐胁迫下，

PdbNAC17 基因过表达株系的叶片颜色要比野生型浅，*PdbNAC17* 基因编辑转基因株系的叶片颜色要比野生型深。结果表明，*PdbNAC17* 基因可以提高植株在盐胁迫下的抗性。

（3）NBT 染色结果能够检测出植物细胞内超氧阴离子（O^{2-}）的含量，NBT 染色越深表明细胞内 O^{2-} 积累得越多（见图 3-17）。

从图 3-17 中可以看出，在对照组中，与野生型相比，*PdbNAC17* 基因过表达株系和基因编辑转基因株系的颜色无明显差异；在盐胁迫下，与野生型相比，*PdbNAC17* 基因过表达株系的叶片颜色较浅，*PdbNAC17* 基因编辑转基因株系的叶片颜色较深。结果表明，*PdbNAC17* 基因可以通过降低植株中活性氧的积累来提高植株在盐胁迫下的抗性。

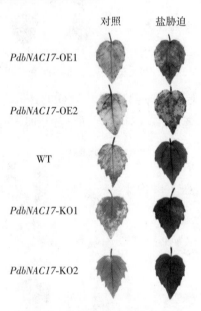

图 3-17　盐胁迫下 NBT 染色分析

（4）PI 荧光染色：PI 染液进入膜不完整的损伤细胞中，与 DNA 结合将细胞染成红色，在荧光显微镜下观察，红色荧光强度越大，细胞受损越严重（见图 3-18）。

从图 3-18 中可以看出，在对照组中，与野生型相比，*PdbNAC17* 基因过表达株系和基因编辑转基因株系无明显差别；在盐胁迫下，与野生型相比，过表达 *PdbNAC17* 基因的荧光强度较弱，说明 OE 比 WT 植株根尖的损伤程度低，*PdbNAC17* 基因编辑转基因植株的根尖红色荧光较强，说明 KO 比 WT 植株根尖的损伤程度严重。结果表明，*PdbNAC17* 基因能够提高山新杨植株的抗逆能力。

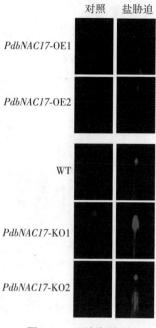

图3-18 PI染色分析

3.3.5.2 生理指标的测定

（1）超氧化物歧化酶（SOD）活性测定。

SOD可以催化超氧阴离子自由基歧化反应，抵御过氧化物自由基对细胞膜系统的损伤，从而提高植株的抗逆能力。SOD活性的检测结果如图3-19所示。结果显示，在对照组中，SOD活性较相似；在盐胁迫下，与WT相比，*PdbNAC17*基因过表达株系的SOD活性升高，而*PdbNAC17*基因编辑转基因株系的SOD活性降低。实验结果说明，*PdbNAC17*基因能够提高山新杨的耐盐能力。

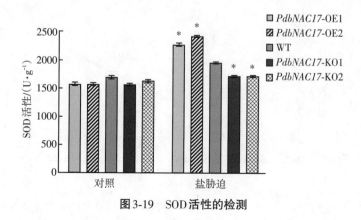

图3-19 SOD活性的检测

（2）过氧化物酶（POD）活性测定。

POD是植物体内降低氧自由基伤害的中药保护酶，和植物的抗逆能力密切相关。POD活性的检测结果如图3-20所示。

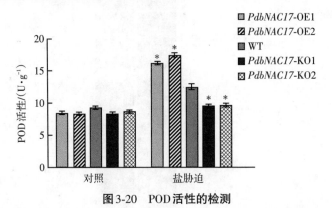

图3-20　POD活性的检测

结果显示，在对照组中，POD活性无明显差异；在盐胁迫下，与WT相比，*PdbNAC17*基因过表达株系的POD活性升高，而*PdbNAC17*基因编辑转基因株系的POD活性降低。实验结果说明，*PdbNAC17*基因能够提高山新杨的耐盐能力。

（3）脯氨酸含量的测定。

植物在逆境条件下，体内会积累大量游离的脯氨酸，在一定范围内，其积累程度与植物的抗逆成正相关。在酸性条件下，脯氨酸与茚三酮反应生成稳定的红色化合物，制备脯氨酸标准曲线，并在OD_{520}测量样品的吸光度，根据标准曲线查找脯氨酸含量。

①标准曲线的制备。

以吸光值为纵坐标、脯氨酸含量为横坐标，绘制标准曲线，如图3-21所示。

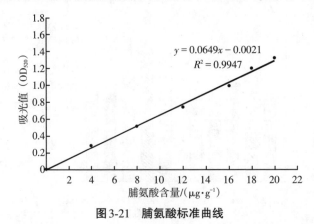

图3-21　脯氨酸标准曲线

②从标准曲线上查看脯氨酸的含量，结果如图3-22所示。盐胁迫后，与对照相比，过表达转基因山新杨OE1、OE2的脯氨酸含量高，基因编辑载体转基因山新杨KO1、KO2的脯氨酸含量低。实验结果说明，*PdbNAC17*基因能够参与调控脯氨酸的合成，进而提高山新杨的耐盐能力。

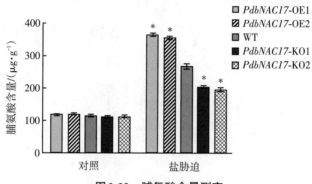

图3-22　脯氨酸含量测定

（4）过氧化氢（H_2O_2）含量的测定。

H_2O_2是细胞内的氧化代谢产物，H_2O_2含量越高，表明细胞受损的程度越严重，植物抵御逆境胁迫的能力越差。H_2O_2含量的检测结果如图3-23所示。结果显示，在对照组中，过氧化氢含量差别不大；在盐胁迫下，与WT相比，*PdbNAC17*基因过表达株系的H_2O_2含量较低，*PdbNAC17*基因编辑转基因株系的H_2O_2含量较高。实验结果说明，*PdbNAC17*基因能够提高山新杨的耐盐能力。

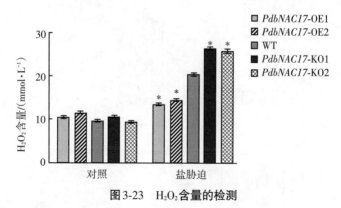

图3-23　H_2O_2含量的检测

（5）相对电导率的测定。

相对电导率是测定细胞膜受损程度的一个生理指标，细胞膜受损导致电解质外渗增加，从而影响植株的抗逆能力。相对电导率的检测结果如图3-24所示。从图3-24中可以看出，在对照组中，电解质渗透率无明显区别；在盐胁迫下，与野生型相比，*PdbNAC17*基因过表达株系的相对电导率较低，*PdbNAC17*基因编辑转基因株系的相对电导率较高。实验结果说明，*PdbNAC17*基因能够提高山新杨的耐盐能力。

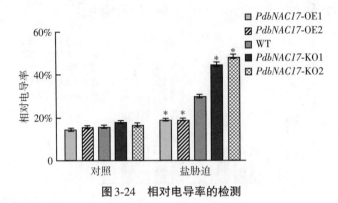

图3-24　相对电导率的检测

（6）钠、钾离子含量的测定。

K⁺/Na⁺的比值可以显示植株对逆境胁迫的抵抗能力。各转基因及野生型植株钠、钾离子测定结果如图3-25所示。在盐胁迫下，与对照组相比，过表达*PdbNAC17*植株的Na^+/K^+的比值更低，说明过表达*PdbNAC17*基因可以提高植株在盐胁迫下的抗性。实验结果说明，*PdbNAC17*基因能够提高山新杨的耐盐能力。

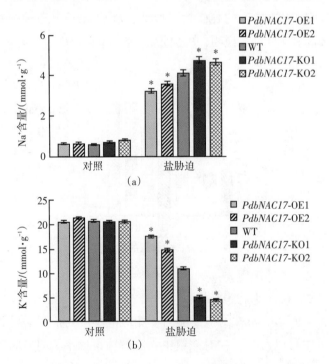

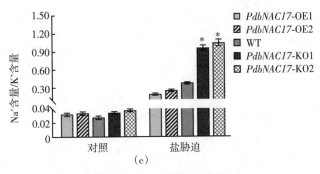

图 3-25　钠、钾离子的测定

（7）丙二醛（MDA）含量的测定。

丙二醛是植物器官在逆境条件下发生膜脂过氧化作用产生的一种有机化合物。通常将其作为脂质过氧化指标，用于表示细胞膜脂过氧化程度和植物对逆境条件反应的强弱。结果如图 3-26 所示，在盐胁迫处理后，与对照组相比，过表达转基因山新杨 OE1、OE2 的 MDA 含量低，基因编辑载体转基因山新杨 KO1、KO2 的 MDA 含量高。实验结果说明，*PdbNAC17* 基因能够提高山新杨的耐盐能力。

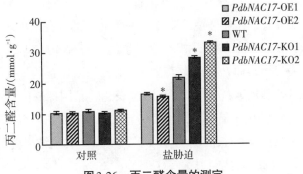

图 3-26　丙二醛含量的测定

（8）失水率的测定。

失水率是检测植物抗逆生长的生理指标之一，失水率越低表明植物的抗逆能力越强。失水率测定结果如图 3-27 所示。从图 3-27 中可以看出，失水至 0.5 h 时，OE1、OE2 转基因株系与野生型山新杨相比无明显差异；失水 1.5~5.0 h 时，所有植株的失水率都发生了变化，并且发现与野生型山新杨相比，*PdbNAC17* 基因的过表达株系 OE1 和 OE2 的失水率低，说明 OE1 和 OE2 植株的抗逆能力强；*PdbNAC17* 基因的基因编辑转基因株系 KO1 和 KO2 的失水率高，说明 KO1 和 KO2 植株的抗逆能力差。实验结果说明，*PdbNAC17* 基因能够提高山新杨的耐盐能力。

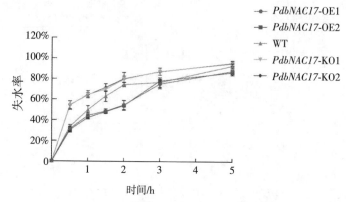

图3-27　转基因山新杨株系失水率测定

（9）气孔开度测定。

气孔是植物叶片与外界进行气体交换的主要通道，它在控制水分损失和获得碳素（即生物量产生）之间的平衡中起着关键的作用，因此研究气孔开度可以检测植物的抗逆性强弱。选取苗龄20 d山新杨*PdbNAC17*基因过表达转基因植株、基因编辑转基因植株及野生型植株的组培苗，使用150 mmol/L的NaCl溶液胁迫处理12 h后，在显微镜下观察叶片下表皮的气孔开度。结果如图3-28和图3-29所示，在对照条件下，相对于野生型，*PdbNAC17*基因过表达转基因株系的气孔开度较小，而*PdbNAC17*基因编辑转基因株系的气孔开度略大于野生型；在盐胁迫处理后，*PdbNAC17*基因过表达转基因株系的气孔几乎处于关闭状态，且宽度/长度比明显小于野生型，而*PdbNAC17*基因编辑转基因株系的气孔保持开闭状态，宽度/长度比明显大于野生型。实验结果说明，*PdbNAC17*基因能够提高山新杨的耐盐能力。

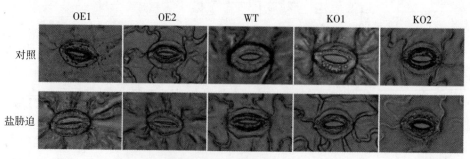

图3-28　显微镜下转基因山新杨株系气孔开度

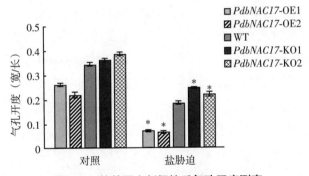

图3-29　转基因山新杨株系气孔开度测定

（10）净光合速率的测定。

植物光合作用是重要的化学反应过程，在此过程中，如果叶片缺乏水分，植物对光的吸收能力会降低，因此，光合指标对盐胁迫的反应十分敏感。将生长良好、长势一致苗龄20 d的*PdbNAC17*基因过表达转基因、基因编辑转基因及野生型山新杨土培苗进行盐胁迫，每次每处取3片无虫害的成熟叶片，使用LI-6400便携式光合作用测定仪测定山新杨日光合变化，测定净光合速率，测定时间为9：00—11：00。结果如图3-30所示，*PdbNAC17*基因过表达转基因植株、基因编辑转基因植株及野生型植株的净光合速率都随着盐胁迫时间而下降，相比于WT，过表达OE1、OE2的下降速度较缓慢，基因编辑转基因株系KO1、KO2的下降速度较快。实验结果说明，*PdbNAC17*基因能够提高山新杨的耐盐能力。

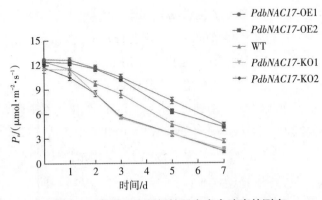

图3-30　转基因山新杨株系净光合速率的测定

（11）叶绿素含量测定。

叶绿素含量是影响光合作用的一个重要因素。盐胁迫后，植物损伤，叶绿素含量降低，通过测定叶绿素含量可以判断植物抗性强弱。将苗龄20 d山新杨*PdbNAC17*基因过表达转基因植株、基因编辑转基因植株及野生型植株从生根培养基中移出，移栽至灭菌土（基质土:珍珠岩:蛭石=3:1:1）中在人工气候室培养20 d，使用200 mmol/L的NaCl溶液胁迫处理野生型及转基因株系10 d，检测叶绿素含量。结果如图3-31所示。从图3-31中可以看出，在对照组中，叶绿素含量无明显差别；在盐胁迫后，植株的叶绿素含量均下降，但与WT相比，*PdbNAC17*基因过表达株系的叶绿素含量较高，*PdbNAC17*基因编辑转基因株系的叶绿素含量较低。实验结果说明，*PdbNAC17*基因能够提高山新杨的耐盐能力。

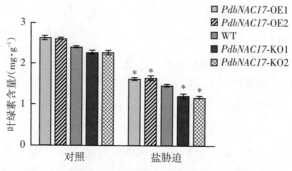

图3-31　盐胁迫下转基因山新杨株系叶绿素含量

3.3.5.3　盐胁迫转基因山新杨植株的表型分析

（1）将生长20 d的山新杨*PdbNAC17*基因过表达转基因植株、基因编辑转基因植株及野生型植株从生根培养基中移出，移栽至灭菌土（基质土:珍珠岩:蛭石=3:1:1）中在人工气候室培养20 d，使用200 mmol/L的NaCl溶液胁迫处理野生型及转基因株系10 d，观察植株在盐胁迫下的表型变化。结果如图3-32所示。从图3-32中可以看出，在非胁迫条件下，4个转基因山新杨植株OE1、OE2、KO1、KO2的生长状况与野生型（WT）山新杨生长情况基本一致；在盐胁迫处理后，与野生型相比，过表达*PdbNAC17*基因植株长势优于野生型，根部长于野生型，而基因编辑植株的萎蔫程度更高，其耐盐能力显著低于野生型。实验结果表明，*PdbNAC17*基因可以提高植株在盐胁迫下的抗逆能力。

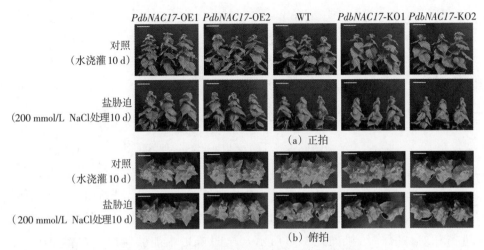

图 3-32 盐胁迫下转基因山新杨株系的表型分析

注：标尺为 10 cm。

（2）测定对照组和盐处理下山新杨的株高、鲜重和茎粗，分别将胁迫前后野生型对应的值设置为 1，进行相对计算，结果如图 3-33 所示。从图 3-33 中可以看出，在对照组中，*PdbNAC17* 基因过表达转基因山新杨、野生型山新杨和基因编辑转基因山新杨的株高、鲜重和茎粗没有明显差别；而在盐胁迫后，*PdbNAC17* 基因过表达株系 OE1 和 OE2 山新杨的株高、鲜重和茎粗高于野生型，*PdbNAC17* 基因编辑株系 KO1 和 KO2 山新杨的株高、鲜重和茎粗低于野生型。实验结果进一步说明 *PdbNAC17* 基因具有耐盐性。

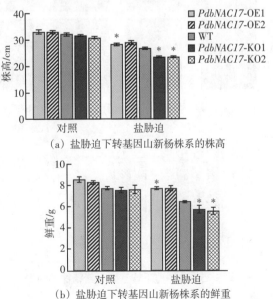

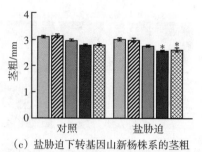

（c）盐胁迫下转基因山新杨株系的茎粗

图3-33　盐胁迫下转基因山新杨株系的株高、鲜重和茎粗

（3）选取20 d土培的山新杨进行盐胁迫处理并测定山新杨的根长，山新杨根长如图3-34所示。分别将盐胁迫前后野生型山新杨根长对应的值设置为1，进行相对计算，结果如图3-35所示。从图3-35中能够看出，在对照组中，*PdbNAC17*基因过表达转基因山新杨、野生型山新杨和基因编辑转基因山新杨的根长差别不大；在盐胁迫处理10 d后，*PdbNAC17*基因过表达转基因山新杨、野生型山新杨和基因编辑转基因山新杨的根长都有所增加，但与野生型相比，*PdbNAC17*基因过表达转基因山新杨的根长增加得更多，基因编辑转基因山新杨的根增加得较少。

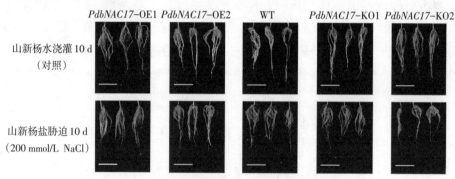

图3-34　盐胁迫下转基因山新杨株系的特征

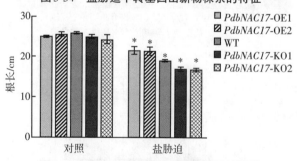

图3-35　盐胁迫下转基因山新杨株系的根长

注：标尺为5 cm。

3.3.6　盐胁迫下抗逆相关基因在*PdbNAC17*转基因山新杨中的表达分析

利用 qRT-PCR 技术可以分析盐胁迫下 *SOD*、*POD* 和 *PAL* 等 10 个基因在转基因山新杨中的表达模式（将盐胁迫前的山新杨的表达量设置为1）。*SOD* 基因的表达量越高，说明植株的抗逆能力越强。图 3-36 为 *SOD* 基因的相对表达量。从图 3-36 中可以看出，在盐胁迫下，与野生型相比，过表达株系 OE1 和 OE2 的 *SOD* 基因表达量较高，而基因编辑株系 KO1 和 KO2 的 *SOD* 基因表达量较低。

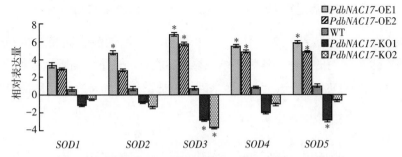

图3-36　盐胁迫下转基因山新杨株系的 *SOD* 基因表达分析

POD 基因的表达量与植株的抗逆能力成正相关。图 3-37 为 *POD* 基因的相对表达量。从图 3-37 中可以看出，在盐胁迫下，与野生型相比，过表达株系 OE1 和 OE2 的 *POD* 基因表达量较高，而基因编辑株系 KO1 和 KO2 的 *POD* 基因表达量较低。

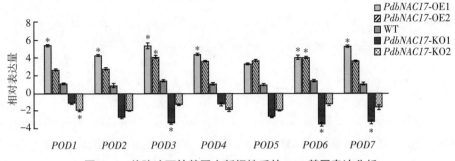

图3-37　盐胁迫下转基因山新杨株系的 *POD* 基因表达分析

P5CS 基因的表达量与植株的抗逆能力成正相关。图 3-38 为 *P5CS* 基因的相对表达量。结果显示，盐胁迫后，过表达株系 OE1 和 OE2 中的 *P5CS* 基因的表达量均高于野生型山新杨，基因编辑株系 KO1 和 KO2 中的 *P5CS* 基因的表达量低于野生型山新杨；*P5CDH* 基因负向调节脯氨酸合成，在盐胁迫后，过表达山

新杨的表达量均低于野生型，而基因编辑转基因株系的表达量均高于野生型。

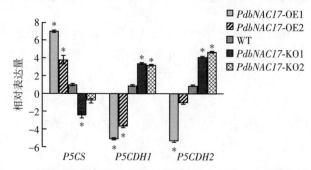

图3-38　盐胁迫下转基因山新杨株系的 *P5CS*、*P5CDH* 基因表达分析

和次生壁的形成相关的 *PAL3*、*CCR* 和 *CesA* 基因能够提高植株的抗逆能力。图3-39为它们的相对表达量。结果显示，在盐胁迫下，与野生型相比，过表达株系OE1和OE2的表达量高，而基因编辑株系KO1和KO2的表达量较低。

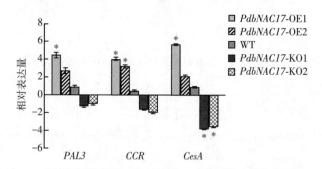

图3-39　盐胁迫下转基因山新杨株系的次生壁合成基因的表达分析

以上结果表明，与野生型相比，山新杨 *PdbNAC17* 过表达植株对盐胁迫的抵抗能力较强，而基因编辑株系对盐胁迫的抵抗能力较弱。

3.3.7　*PdbNAC17* 基因在山新杨木质部发育中的功能分析

利用滑动切片技术将培养在人工气候室25 d的 *PdbNAC17* 基因过表达（OE）、基因编辑转基因（KO）和野生型（WT）山新杨茎组织材料进行切片，获得15 μm的茎段横切面，然后进行盐酸间苯三酚和荧光增白剂染色，在显微镜下观察木质部的发育情况。图3-40为木质部染色情况，其中，A~J为盐酸间苯三酚染色，染木质素为红色；图K~T为荧光增白剂染色，染纤维素为蓝色。

从图3-40中看到，在水浇灌下，过表达株系的木质素和纤维素染色范围高于野生型，基因编辑株系低于野生型，但是差异并不是很显著（A~E，K~O）；在盐胁迫后，过表达山新杨的木质部发育要明显高于野生型，而基因编辑株系的木质部发育较野生型疏松（F~J，P~T），并且发现，在盐胁迫下，*PdbNAC17*过表达山新杨茎的木质部发育与茎部发育的面积比显著高于野生型（见图3-41），而基因编辑株系结果相反，进一步说明*PdbNAC17*基因能够促进山新杨的次生壁形成。

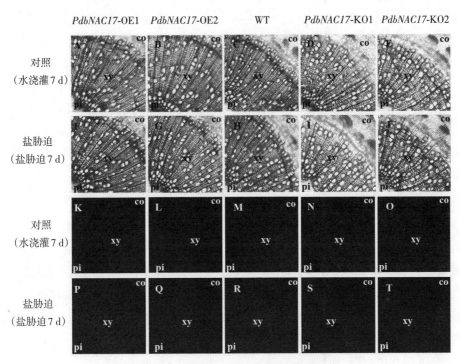

图3-40　山新杨植株茎次生壁形成横切图

注：A~J为盐酸间苯三酚染色；K~T为荧光增白剂染色；co：皮层；xy：木质部；pi：髓。物镜：×10；比例尺：10 μm。

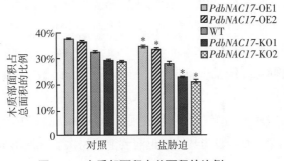

图3-41　木质部面积占总面积的比例

3.4 讨论

3.4.1 *PdbNAC17* 基因的耐盐及次生壁形成的功能分析

有研究结果表明，典型的转录因子通常位于植物细胞的细胞核中。Liu 等[120]研究了棉花 MYB36 转录因子的亚细胞定位情况，通过构建 *GhMYB36*-GFP 表达载体并转化至烟草，结果发现仅在细胞核中检测到 GhMYB36-GFP 荧光，表明 GhMYB36 定位于植物细胞核中。Fei 等[121]为了研究秋茄树 KoWRKY40 的亚细胞定位，将 *KoWRKY40* 与 GFP 的融合表达载体分别瞬时转化至本氏烟草的表皮叶细胞，DAPI 染色显示 35S-*KoWRKY40*-GFP 融合蛋白定位于细胞核中，而 35S-GFP 蛋白作为对照分布在细胞核和细胞质中，结果表明，KoWRKY40 是一种核定位蛋白。本研究通过构建 pBI121-*PdbNAC17*-GFP 融合表达载体，利用基因枪技术轰击洋葱表皮，并进行 DAPI 染色，结果显示 pBI121-*PdbNAC17*-GFP 融合蛋白仅在细胞核中发出荧光，表明 PdbNAC17 是一种核定位蛋白。

Hu 等[122]获得了 *PagMYB151* 过表达和 RNAi 转基因杨树并进行了表型分析，在盐胁迫下，过表达转基因株系与野生型和 RNAi 转基因株系相比，鲜重显著增加且具有更长的根。在本章研究中，对 *PdbNAC17* 转基因山新杨的土培苗进行了表型分析，结果表明，在盐胁迫处理后，过表达山新杨的相对根长、相对株高、相对茎粗和鲜重均高于野生型和基因编辑转基因山新杨，而基因编辑转基因山新杨的相对根长、相对株高、相对茎粗和鲜重低于野生型，说明 *PdbNAC17* 基因有耐盐功能。

NAC 转录因子能够调控木材的形成。Li 等[123]为了了解 *CgNAC043* 在果汁囊不同发育阶段和不同部分的表达，将开花后 172 d 和 212 d 的果实切片并对木质素进行盐酸间苯三酚染色，结果发现开花后 212 d 表现出高度的木质化，表明木质素积累水平相对较高。Hu 等[101]获得了一个白桦 *BpNAC012* 基因，利用切片机对白桦茎段进行切割，并对木质素进行甲苯胺蓝、盐酸间苯三酚染色，利用荧光增白剂对纤维素进行染色，结果表明，*BpNAC012* 的过表达诱导木质化增加，正向调控白桦木质部发育。Kong 等[124]获得了 *PtoERF15* 过表达转基因株系，利用切片和间苯三酚染色发现，*PtoERF15* 过表达导致木质部纤维细胞和次生壁厚度增加，表明其能够正向调节杨树次生壁的形成。本章实验利用滑动切片技术，通过盐酸间苯三酚和荧光增白剂染色来比较转基因植株和野生型木质部的发育情况，结果发现与野生型植株相比，*PdbNAC17* 过表达转基因茎横截面的木质化程度更高，基因编辑转基因茎横截面的木质化程度更低，说明 *PdbNAC17* 基因能够正向调节山新杨的木质部发育过程。

3.4.2 *PdbNAC17* 基因的耐盐调控机制分析

（1）通过调控离子平衡来降低盐胁迫对植物的损伤。

Liu 等[125] 观察了在盐胁迫条件前后，*ThSAP30BP* 过表达植株的颜色差异，以及过氧化氢和丙二醛含量的变化。在对照条件下，DAB 和 NBT 染色转基因植株与对照植株染色无明显差别，但在 150 mmol/L NaCl 胁迫处理 12 h后，与对照植株相比，*ThSAP30BP* 过表达植株的颜色较浅且过氧化氢与丙二醛含量较低，说明 *ThSAP30BP* 基因能够减少 O^{2-} 和 H_2O_2 的积累及细胞受损程度，从而增强植株的耐盐性。在本章研究中，对 *PdbNAC17* 转基因山新杨胁迫后，进行了 DAB 和 NBT 的组织化学染色及过氧化氢含量、K^+/Na^+ 含量和丙二醛含量的测定，发现在盐胁迫处理下，与对照植株相比，过表达植株的 DAB和 NBT 染色结果均较浅且过氧化氢含量和丙二醛的含量较低，K^+/Na^+ 含量高，而基因编辑转基因植株的 DAB 和 NBT 染色结果均较深且过氧化氢含量和丙二醛的含量较高，K^+/Na^+ 含量低，说明 *PdbNAC17* 能够提高山新杨的耐盐能力。

（2）通过降低 ROS 活性氧的积累减少盐胁迫对植物的影响。

当植物受到胁迫时，细胞内会诱导产生活性氧（ROS）积累，高浓度的ROS 可导致细胞凋亡甚至坏死，因此，维持适当的 ROS 水平对于植物适应不利环境是必要的。超氧化物歧化酶（SOD）和过氧化物酶（POD）是能有效清除 ROS 以维持氧化还原平衡的防御酶。Zhang 等[126] 发现在盐胁迫中*PagERF072* 基因表达显著上调，并通过农杆菌介导法获得过表达转基因植株，通过 qRT-PCR 技术发现，在盐胁迫下，与野生型相比，过表达转基因植株的 *SOD* 和 *POD* 相关基因具有较高的表达量。实验结果说明，*PagERF072* 基因的过表达提高了杨树的耐盐性。Niu 等[127] 在盐胁迫处理下，通过 qRT-PCR技术发现 *PtWRKY39* 能够诱导调节 *APX* 和 *SOD* 基因的转录水平。Zhao 等[128] 从毛果杨基因组中鉴定了 S1Fa 转录因子，并获得了 *PtS1Fa1* 和 *PtS1Fa2* 的转基因毛果杨植株，结果发现在干旱胁迫下，与野生型相比，过表达转基因植株具有较高的 SOD、POD 活性，表明 *PtS1Fa1* 和 *PtS1Fa2* 基因通过增强抗氧化酶活性，使 ROS 的积累保持在较低水平，进而提高了植株干旱和盐的耐受性。本

章实验对 *PdbNAC17* 转基因山新杨胁迫后，进行了 SOD、POD 酶活性及相关基因的表达检测。实验结果显示，在盐胁迫处理后，与野生型相比，过表达植株的 SOD、POD 酶活性及相关基因的表达较高，而基因编辑转基因植株的 SOD、POD 酶活性及 *SOD*、*POD* 基因的表达较低，说明 *PdbNAC17* 能够提高山新杨的耐盐能力。

（3）通过降低细胞膜的损伤来增强植物的耐盐能力。

伊文思蓝和碘化丙啶（PI）能进入细胞膜不完整的损伤细胞内，根据染色深浅可以鉴别植株损伤情况，细胞受损严重染色深，细胞受损轻染色浅。Shangguan 等[129] 使用 PI 染色的方法对重金属铜和镉处理是否会对水稻根部质膜的完整性造成影响进行了验证，通过对不同水稻的红色荧光强度进行对比，结果表明，在铜和镉胁迫下，*OsGLP8* 基因的过表达植株的红色荧光强度比野生型水稻和 *OsGLP8* 基因的两个突变体植株要低，这说明该基因可以提高水稻对重金属的抗性。Lei 等[130] 通过染色法研究了 *ThCOL2* 基因过表达植株在伊文思蓝染色下的颜色差异和相对电导率的检测，在对照条件下，伊文思蓝染色转基因植株与对照植株染色无明显差别，但在 NaCl 胁迫处理后，与对照植株相比，*ThCOL2* 过表达植株的颜色较浅且相对电导率低于野生型，说明 *ThCOL2* 基因能够增强植株的耐盐性。本章实验对 *PdbNAC17* 转基因山新杨胁迫后，进行了伊文思蓝、PI 的组织化学染色和相对电导率的测定，结果发现在盐胁迫处理下，与对照植株相比，过表达植株伊文思蓝和 PI 染色结果均较浅，相对电导率低于野生型，而基因编辑转基因植株的伊文思蓝和 PI 染色结果均较深，相对电导率高于野生型，说明 *PdbNAC17* 能够提高山新杨的耐盐能力。

（4）通过调控气孔开闭和净光合速率来降低盐胁迫对植物的影响。

Zhang 等[131] 在胡杨中筛选出 *PeAPY1* 和 *PeAPY1* 基因，将其转化至拟南芥中来研究 APYs 在气孔控制中的作用，并测定了其气孔开度及失水率。结果显示，在干旱条件下 *PeAPY1* 和 *PeAPY1* 基因的过表达气孔闭合程度要大于野生型，且失水率低于野生型，表明 APYs 通过调节拟南芥的气孔孔径可以减少水分流失，以增加植物的抗逆性。Wang 等[132] 将 *LpNAC17* 基因在烟草中异源表达，研究转基因烟草对盐的胁迫响应。结果表明，*LpNAC17* 过表达烟草的净光合速率和叶绿素含量均高于对照植株，而气孔开度低于对照植株，表明 *LpNAC17* 能够增强植株对盐胁迫的耐受性。Zhu 等[133] 获得了 *AhWRKY75* 过表达花生并进行了生理检测，实验结果显示，*AhWRKY75* 过表达的净光合速率和气孔开度均高于野生型植株，表明 *AhWRKY75* 能够增强植物的耐盐性。本章实验

对 *PdbNAC17* 转基因山新杨的净光合速率、气孔开度、叶绿素含量和失水率进行测定，结果发现在盐胁迫处理后，与野生型相比，过表达山新杨的净光合速率高，气孔开度及失水率低，而基因编辑转基因山新杨相反，说明 *PdbNAC17* 能够提高山新杨的耐盐能力。

（5）通过调控脯氨酸的含量及相关基因的表达量来提高植物的耐盐能力。

He 等 [134] 将 *ThNAC7* 基因在拟南芥中异源过表达，并在柽柳中瞬时表达，在渗透胁迫处理条件下，通过 qRT-PCR 技术发现 *ThNAC7* 能够诱导调节脯氨酸生物合成基因 *P5CS*、*SOD* 和 *POD* 基因的转录水平，并且增加了活性氧和脯氨酸含量，增强了植株的抗逆性。本章实验对 *PdbNAC17* 转基因山新杨脯氨酸含量进行了测定，结果发现在盐胁迫处理后，与野生型相比，过表达山新杨的脯氨酸含量较高，而基因编辑转基因山新杨相反。同时，以野生型、过表达转基因株系和基因编辑转基因山新杨为模板，检测了其下游基因的表达量，结果发现其可以影响 *P5CS* 基因的转录水平，进一步验证了 *PdbNAC17* 基因能够提高山新杨的耐盐能力。

（6）通过调控次生壁的相关基因增强植物的耐盐能力。

Li 等 [135] 研究发现单壁碳纳米管与杨树的次生壁形成有关，通过含量检测发现，和次生壁形成相关的苯丙氨酸解氨酶（PAL）、4-香豆酸:CoA 连接酶（4CL）、肉桂酸4-羟基化酶（C4H）和肉桂醇脱氢酶（CAD）的活性增加，并进一步通过 qRT-PCR 技术发现，单壁碳纳米管能够调节杨树次生壁形成基因 *PAL*、*4CL*、*C4H* 和 *CAD* 的转录水平。本章实验以野生型、过表达转基因株系和基因编辑转基因山新杨为模板，检测了其下游基因的表达量，发现其可以影响 *PAL3* 基因的转录水平，进一步验证了 *PdbNAC17* 基因能够通过提高山新杨的次生壁形成能力来提高植物的耐盐能力。

3.5 本章小结

本章实验首先构建了 *PdbNAC17* 基因的过表达及 CRISPR/Cas9 编辑载体，利用农杆菌介导的稳定遗传转化方法，获得 *PdbNAC17* 的过表达和纯合基因编辑山新杨株系，用过表达山新杨、基因编辑转基因山新杨及野生型山新杨（作为对照）研究盐胁迫下 *PdbNAC17* 基因的耐盐能力及木质部发育的功能分析。结果表明，*PdbNAC17* 基因具有正向调控植物的耐盐能力。此外，*PdbNAC17* 过表达植株中的 *SOD*、*POD*、*PPO*、*P5CS* 和 *PAL3* 在 *PdbNAC17* 基因过表达株系的表达量较高，在基因编辑载体中表达量较低。实验结果进一步证明 *Pdb-NAC17* 基因能够提高山新杨的耐盐及次生壁形成能力。

采用滑动切片技术观察过表达、野生型植株和基因编辑转基因植株茎木质部发育情况，结果发现 *PdbNAC17* 基因过表达山新杨植株中，木质部的发育程度明显较野生型高，而基因编辑转基因山新杨木质部的发育程度较低。切片结果显示，*PdbNAC17* 能够促进山新杨次生细胞壁的合成。

第4章 山新杨PdbNAC17转录激活结构域的确定及与同源蛋白的互作分析

4.1 实验材料

4.1.1 菌种及载体

Top10大肠杆菌、Y2H酵母菌株、pROKⅡ过表达载体、pGBKT7和pGADT7-Rec酵母表达载体均保存于实验室。

4.1.2 药品及培养基的配制

（1）药品的配制。

X-α-Gal溶液：溶解于DMF中，储存浓度为20 mg/mL，使用终浓度为40 mg/L，于−20 ℃避光保存。

1.1×TE/LiAc：10×TE 1.1 mL，1 mol/L LiAc 1.1 mL，ddH₂O定容至10.0 mL。

PEG/LiAc：50% PEG 8 mL，10×TE 1 mL，1 mol/L LiAc 1 mL。

（2）培养基的配制。

YPDA液体培养基：酵母提取物10 g/L，胰蛋白胨20 g/L，葡萄糖2 mg/L，腺嘌呤30 mg/L，固体培养基加琼脂粉20 g/L。

SD/DO液体培养基：无氨基酸酵母氮源6.7 g/L，葡萄糖2 mg/L，相应缺陷型10×DO母液100 mL/L（固体培养基加琼脂粉20 g/L）。氨基酸完全营养母液配方如表4-1所示，缺陷型氨基酸培养基：SD/-Trp；DDO：SD/-Leu/-Trp；TDO：SD/-His/-Leu/-Trp；QDO：SD/-Ade/-His/-Leu/-Trp。

表4-1　10×氨基酸完全营养母液

氨基酸名称	简称	浓度/(mg·L⁻¹)
腺嘌呤	Ade	200
精氨酸	Arg	200

表4-1（续）

氨基酸名称	简称	浓度/(mg·L^{-1})
组氨酸	His	200
亮氨酸	Leu	1000
赖氨酸	Lys	300
苏氨酸	Thr	2000
色氨酸	Trp	200
酪氨酸	Tyr	300
尿嘧啶	Cyt	200
异亮氨酸	Ile	300
缬氨酸	Val	1500
甲硫氨酸	Met	200
苯丙氨酸	Phe	500

以上酵母转化所用培养基在121 ℃高压灭菌15 min，然后常温保存备用。

4.2 实验方法

4.2.1 山新杨 pGBKT7-*PdbNAC17* 酵母表达载体构建

（1）山新杨 *PdbNAC17* 基因全长及分区段的扩增。

根据 *PdbNAC17* 基因的CDS序列，将 *EcoR* I 和 *BamH* I 酶切位点分别引入基因的两端。PCR扩增所需引物如表4-2所示。以pROK II -*PdbNAC17* 菌液为模板，PCR扩增基因的全长及分区段序列。

表4-2 PCR引物序列

引物名称	引物序列(5′-3′)
BD-PdbNAC17-F	CATGGAGGCCGAATTCATGGGCGATCATGGCTG
BD-PdbNAC17-R	GCAGGTCGACGGATCCATTTGGAAAACTGATATC
BD-PdbNAC17-F1	CATGGAGGCCGAATTCCCTCCTGGATTT
BD-PdbNAC17-R1	GCAGGTCGACGGATCCAAGATGATATTCC
BD-PdbNAC17-F2	CATGGAGGCCGAATTCATGGGCGATCATGG
BD-PdbNAC17-R2	GCAGGTCGACGGATCCAAGATGATATTCC

表4-2（续）

引物名称	引物序列(5′-3′)
BD-PdbNAC17-F3	CATGGAGGCCGAATTCTGCAGTGGTAAATC
BD-PdbNAC17-R3	GCAGGTCGACGGATCCATTTGGAAAACTG
BD-PdbNAC17-F4	CATGGAGGCCGAATTCTGCAGTGGTAAATC
BD-PdbNAC17-R4	GCAGGTCGACGGATCCGGAACAGCTTCC
BD-PdbNAC17-F5	CATGGAGGCCGAATTCTGCAGTGGTAAATC
BD-PdbNAC17-R5	GCAGGTCGACGGATCCATCTAATTTTTGC
BD-PdbNAC17-F6	CATGGAGGCCGAATTCAGGAGTTTAAACC
BD-PdbNAC17-R6	GCAGGTCGACGGATCCATTTGGAAAACTG
BD-PdbNAC17-F7	CATGGAGGCCGAATTCAGGAGTTTAAACC
BD-PdbNAC17-R7	GCAGGTCGACGGATCCGAGGCATGAAAGC
BD-PdbNAC17-F8	CATGGAGGCCGAATTCTGCAGTGGTAAATC
BD-PdbNAC17-R8	GCAGGTCGACGGATCCGAGGCATGAAAGC
BD-PdbNAC17-F9	CATGGAGGCCGAATTCGATGAGATGTTC
BD-PdbNAC17-R9	GCAGGTCGACGGATCCATTTGGAAAACTG
BD-PdbNAC17-F10	CATGGAGGCCGAATTCTGCAGTAAATGG
BD-PdbNAC17-R10	GCAGGTCGACGGATCCATTTGGAAAACTG
BD-PdbNAC17-F11	CATGGAGGCCGAATTCCCTCCTGGATTT
BD-PdbNAC17-R11	GCAGGTCGACGGATCCATCTAATTTTTGC
BD-F	TCATCGGAAGAGAGTAGT
BD-R	TTTTCGTTTTAAAACCTAAG

　　PCR反应结束后，将条带位置正确的胶块切下，利用纯化回收试剂盒进行回收，并进行电泳检测及浓度和纯度的测量。

　　（2）pGBKT7质粒的提取与酶切。

　　利用质粒提取试剂盒提取pGBKT7质粒，用*EcoR* Ⅰ和*BamH* Ⅰ酶切，然后进行纯化回收。

　　（3）目的基因与pGBKT7载体的连接及转化。

　　将目的基因与切好的pGBKT7载体进行连接、热激转化，使用载体引物进行菌液PCR检测（载体引物位于双酶切位点前后，共356 bp，作为诱饵蛋白），并提取阳性菌液质粒。

4.2.2　山新杨 PdbNAC17 转录激活结构域的确定

（1）酵母感受态细胞的制备。

①通过三区划线的方法，将 Y2H 菌株培养于 YPDA 固体培养基（含 50 mg/L Kan）中，30 ℃培养 3 d。取直径 3 mm 的单菌落于 5 mL 的 YPDA 液体培养基（含 50 mg/L Kan）中，30 ℃　250 r/min 培养 8~12 h。

②取 20 μL 菌液于 50 mL YPDA 液体培养基（含 50 mg/L Kan）中，30 ℃ 250 r/min 培养 16~20 h，OD_{600}=0.15~0.30。

③900 g 室温离心 5 min，收集菌体细胞，弃上清，菌体重悬于 100 mL YPDA 液体培养基（不含抗生素）中，30 ℃ 250 r/min 培养 3~5 h，OD_{600}=0.4~0.5。

④将培养物分装到 2 个 50 mL 无菌离心管中，900 g 室温离心 5 min，弃上清，用 30 mL 无菌去离子水重悬菌体。

⑤900 g 室温离心 5 min，弃上清，取 1.5 mL 的 1.1×TE/LiAc 重悬菌体。

⑥将菌悬液移至 1.5 mL 离心管中，高速离心 15 s，弃上清，取 600 μL 的 1.1×TE/LiAc 重悬菌体，感受态制备完成。

（2）自激活实验。

①分别将 1 μg 的空 pGBKT7 质粒和 *pGBKT7-Bait* 基因与 5 μL 鲑鱼精 DNA（10 μg/μL，98 ℃变性 5 min，迅速置于冰上）混合，加入到冰预冷的 1.5 mL 离心管中。

②加 50 μL 酵母感受态细胞，轻柔混匀。

③加 500 μL PEG/LiAc，轻柔混匀。

④30 ℃水浴 30 min（每隔 10 min 轻柔混匀一次）。

⑤加入 25 μL 的 DMSO，混匀。

⑥42 ℃水浴 15 min（每隔 5 min 轻柔混匀一次），迅速冰预冷 1~2 min。

⑦高速离心 15 s，沉淀酵母细胞，弃上清，加入 1 mL 的 YPD Plus Medium 重悬酵母细胞，30 ℃振荡培养 30 min。

⑧高速离心 15 s，沉淀酵母细胞，弃上清，加入 1 mL 无菌去离子水重悬酵母细胞，涂布于 SD/-Trp，SD/-Trp/-His/-Ade/X-α-Gal 培养基中 30 ℃培养 3~4 d。

4.2.3　山新杨 PdbNAC17 与同源蛋白的载体构建

（1）山新杨 PdbNAC17 同源蛋白的获得。

从山新杨基因组中获得其他 NAC 的 CDS 序列，作为 PdbNAC17 的同源蛋白，设计基因特异性引物，将 *Sma* I 酶切位点引入基因的两端（引物如表4-3所示），利用PCR技术扩增基因的全长。PCR反应结束后，利用纯化回收试剂盒进行切胶回收。

表4-3 PCR引物序列

引物名称	引物序列（5′-3′）
AD-PdbNAC17-F	AGTGGCCATTATGGCCCGGGATGGGCGATCATGGCTGC
AD-PdbNAC17-R	CCGACATGTTTTTTCCCGGGATTTGGAAAACTGATATCAT
AD-PdbNAC1-F	AGTGGCCATTATGGCCCGGGATGAAAAATCTCGACAAGC
AD-PdbNAC1-R	CCGACATGTTTTTTCCCGGGTTTCTCAAATATGCATATTC
AD-PdbNAC2-F	AGTGGCCATTATGGCCCGGGATGGGAGGCCGTGACAAAG
AD-PdbNAC2-R	CCGACATGTTTTTTCCCGGGCCATCTACAATATTCGTC
AD-PdbNAC3-F	AGTGGCCATTATGGCCCGGGATGAATTCTTTTACACACGT
AD-PdbNAC3-R	CCGACATGTTTTTTCCCGGGCTTCCATAGATCAATTTGAC
AD-PdbNAC4-F	AGTGGCCATTATGGCCCGGGTGAGGTGCTCTAAGAAG
AD-PdbNAC4-R	CCGACATGTTTTTTCCCGGGTGGTTTTCTTCTAAAATAAG
AD-PdbNAC5-F	AGTGGCCATTATGGCCCGGGATGGCAATTGCAGCAACC
AD-PdbNAC5-R	CCGACATGTTTTTTCCCGGGCTTGAAGGGGTTATTGAAG
AD-PdbNAC6-F	AGTGGCCATTATGGCCCGGGATGACATGGTGCAGTAATAAT
AD-PdbNAC6-R	CCGACATGTTTTTTCCCGGGCCATCTTCTCTGAAGCTTT
AD-PdbNAC7-F	AGTGGCCATTATGGCCCGGGATGGTGCCTCATGGGTTC
AD-PdbNAC7-R	CCGACATGTTTTTTCCCGGGGTTTGTCCAAGACCAAAG
AD-PdbNAC8-F	AGTGGCCATTATGGCCCGGGATGAAGAACGAACGATCAAG
AD-PdbNAC8-R	CCGACATGTTTTTTCCCGGGACCTTGAAATTGAAGATGTG

（2）山新杨pGADT7-Rec-*PdbNAC*的载体构建。

提取pGADT7-Rec质粒，使用 *Sma* I 酶切。酶切成功后，纯化回收。利用同源融合的方法将目的基因与切好的pGADT7-Rec载体进行连接、转化并使用基因引物进行菌液PCR检测（作为猎物蛋白），将阳性菌液保存于−80 ℃冰箱中备用，并利用质粒提取试剂盒分别提取阳性菌的质粒，保存于−20 ℃冰箱中备用。

（3）山新杨*PdbNAC17*与同源蛋白的互作分析。

将不含转录激活区的 PdbNAC17-BD11（1-144aa）的质粒分别和9个pGADT7-Rec-NAC质粒共转化进Y2H酵母感受态细胞，涂布于DDO和QDO/X-α-Gal培养基上，培养3~5 d，分析PdbNAC17是否与它们相互作用。

4.3 结果与分析

4.3.1 山新杨pGBKT7-*PdbNAC17*全长及分区段的载体构建

（1）pGBKT7质粒的酶切。

从图4-1可以看出，1号为酶切前的质粒，2号为双酶切后的线性质粒，电泳时线性质粒的速度慢于超螺旋构型的质粒，表明pGBKT7质粒酶切成功。

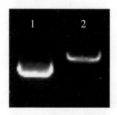

1—pGBKT7质粒；2—*EcoR*Ⅰ和*BamH*Ⅰ酶切后的线性质粒。

图4-1 pGBKT7质粒的酶切

（2）pGBKT7-*PdbNAC17*全长及分区段的菌液PCR检测。

利用同源融合的方法将目的基因与切好的pGBKT7载体进行连接、热激转化。共构建12个载体，全长载体命名为pGBKT7-*PdbNAC17*，分区段载体构建依次命名为pGBKT7-*PdbNAC17*-BD1~pGBKT7-*PdbNAC17*-BD11。每个平板挑取2个单菌落，并使用载体引物进行菌液PCR检测，结果如图4-2所示。1~22号为pGBKT7-*PdbNAC17*- BD1~pGBKT7-*PdbNAC17*- BD11；23，24号为pGBKT7-*PdbNAC17*。其中，1，2号长度为707 bp；3，4号长度为737 bp；5，6号长度为560 bp；7，8号长度为458 bp；9，10号长度为407 bp；11，12号长度为458 bp；13，14号长度为407 bp；15，16号长度为509 bp；17，18号长度为407 bp；19，20号长度为560 bp；21，22号长度为788 bp；23，24号长度为941 bp。结果表明，目的条带位置正确，可以进行后续实验。

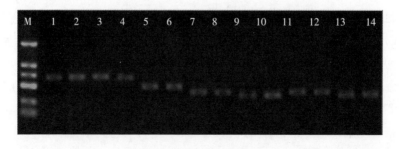

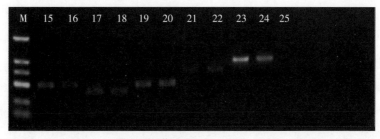

M—DL2000 DNA Marker（从上到下依次为2 kb, 1 kb, 750 bp, 500 bp, 250 bp, 100 bp）；
1~24—pGBKT7-*PdbNAC17*全长及分区段载体构建；25—空白对照。

图4-2　pGBKT7-*PdbNAC17*分区段载体构建PCR检测

4.3.2　山新杨PdbNAC17转录激活结构域分析

提取pGBKT7-PdbNAC17的全长及分区段的质粒，然后利用酵母转化的方法，分别将PdbNAC17的11个不同区段的质粒和全长质粒转入酵母感受态细胞中，进行转录激活区域的鉴定。从图4-3中可以看出，pGBKT7-PdbNAC17的全长（1-196 aa）具有转录激活活性。其中，PdbNAC17-BD1（10-127 aa）、PdbNAC17-BD2（1-127 aa）、PdbNAC17-BD5（128-144 aa）、PdbNAC17-BD11（1-144 aa）这4个区段不具有转录激活活性；PdbNAC17-BD3（128-195 aa）、PdbNAC17-BD8（128-178 aa）、PdbNAC17-BD4（128-161 aa）、PdbNAC17-BD10（145-196 aa）、PdbNAC17-BD6（162-195 aa）、PdbNAC17-BD7（162-178 aa）、PdbNAC17-BD9（179-196 aa）这7个区段具有转录激活活性，并且位于氨基酸的C端。随着激活区段的不断缩小，PdbNAC17-BD10（145-196 aa）为自激活活性的最小片段。综上所述，PdbNAC17转录因子的自激活结构域位于氨基酸C端第145~196个氨基酸。

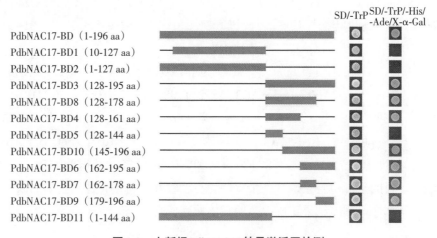

图4-3　山新杨PdbNAC17转录激活区检测

4.3.3 山新杨PdbNAC17与同源蛋白的互作分析

（1）山新杨pGADT7-Rec-NAC的克隆。

从山新杨基因组中获得8个NAC的CDS序列，作为PdbNAC17的同源蛋白，设计基因特异性引物，利用PCR技术扩增基因的全长，结果如图4-4所示。其中，2号为pGADT7-Rec-NAC8，长度为1104 bp；3号为pGADT7-Rec-NAC7，长度为777 bp；4号为pGADT7-Rec-NAC6，长度为930 bp；5号为pGADT7-Rec-NAC5，长度为1197 bp；6号为pGADT7-Rec-NAC4，长度为784 bp；7号为pGADT7-Rec-NAC3，长度为1089 bp；8号为pGADT7-Rec-PdbNAC17，长度为585 bp；9号为pGADT7-Rec-NAC2，长度为945 bp；10号为pGADT7-Rec-NAC1，长度为1179 bp。结果表明，条带位置正确，可以进行后续实验。

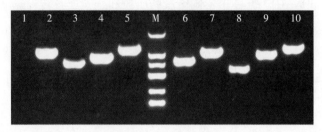

M—DL2000 DNA Marker（从上到下依次为2 kb, 1 kb, 750 bp, 500 bp, 250 bp, 100 bp）；1—空白对照；2~10—山新杨9个pGADT7-Rec-*PdbNAC*的扩增。

图4-4　山新杨pGADT7-Rec-*PdbNAC*的扩增

（2）山新杨pGADT7-Rec-*PdbNAC*的载体构建。

利用同源融合的方法将目的基因与切好的pGADT7-Rec载体进行连接、热激转化，并使用基因引物进行菌液PCR检测，结果如图4-5所示。从图4-5中可以看出，1，2号为pGADT7-Rec-NAC1，长度为1179 bp；3，4号为pGADT7-Rec-NAC2，长度为945 bp；5，6号为pGADT7-Rec-PdbNAC17，长度为585 bp；7，8号为pGADT7-Rec-NAC3，长度为1089 bp；9，10号为pGADT7-Rec-NAC4，长度为784 bp；11，12号为pGADT7-Rec-NAC5，长度为1197 bp；13，14号为pGADT7-Rec-NAC6，长度为930 bp；15，16号为pGADT7-Rec-NAC7，长度为777 bp；17，18号为pGADT7-Rec-NAC8，长度为1104 bp。结果表明，目的条带位置正确，条带单一，亮度较好，将条带位置正确的菌液送生物公司测序，测序结果正确，表明载体构建成功。

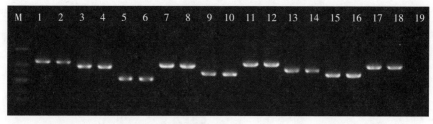

M—DL2000 DNA Marker（从上到下依次为2 kb，1 kb，750 bp，500 bp，250 bp，100 bp）；
1~18—pGADT7-Rec-*PdbNAC*；19—空白对照。

图4-5 山新杨pGADT7-Rec-*PdbNAC*载体构建PCR检测

（3）山新杨PdbNAC17与同源蛋白的互作验证。

利用Y2H技术将酵母表达载体pGBKT7分别与pGADT7-Rec-NAC1~pGADT7-Rec-NAC8、pGADT7-Rec-PdbNAC17和pGADT7-Rec共转化至酵母细胞中，结果如图4-6所示。

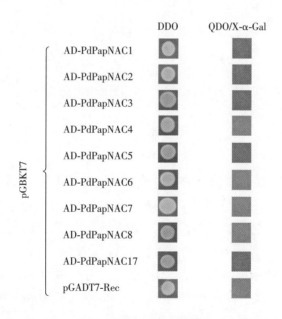

图4-6 pGBKT7空载与NAC的酵母双杂交分析

结果发现，在QDO/X-α-Gal的平板上均无菌落生长，说明这9个NAC转录因子分别与空载结合后不能激活下游报告基因*LacZ*的表达。

利用Y2H技术将不含有转录激活活性的PdbNAC17-BD11（1-144 aa）质粒分别与9个pGADT7-Rec-NAC质粒共转化至Y2H酵母感受态细胞中，结果如图4-7所示。结果发现，pGADT7-Rec-PdbNAC17和pGADT7-Rec-NAC8在QDO/

X-α-Gal 的平板上有蓝色菌落生长，说明 PdbNAC17 能够分别与 PdbNAC8 互作，并能与自身发生二聚化结合。

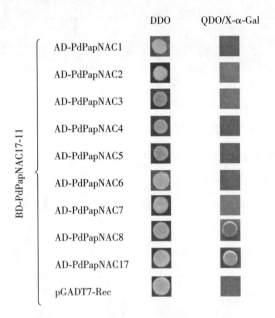

图4-7　PdbNAC17与NAC同源蛋白的互作分析

4.4　讨论

研究发现，NAC转录因子家族中的一部分成员能够作为转录激活剂，增强其他转录因子的转录激活能力，从而在发育、衰老等生物过程中发挥作用[136]。Ma等[137]通过酵母转化实验分析了CsNAC7转录因子的转录激活活性，发现CsNAC7具有自激活活性，并且活性区位于N端。Ju等[138]研究发现，VvNAC17蛋白定位于拟南芥原生质体的细胞核中，并且VvNAC17的氨基酸C端具有转录激活活性。Hou等[139]对CaNAC064的转录激活区进行了分析，发现在CaNAC0646的31~357 aa区域具有转录激活活性。据报道，NAC转录因子能够形成同源或异源二聚体，从而发挥生物学功能[140]。He等[141]研究发现，AtNAC2具有转录激活活性，可以在酵母细胞中形成同源二聚体，在根和花中高度表达，响应盐胁迫和侧根发育的过程。刘燕敏[142]通过Y2H实验发现，CarNAC4蛋白能够与CarNAC1形成异源二聚体，为后期分析NAC的二聚化功能奠定了基础。Bu等[143]研究发现，AtNAC019能够和AtNAC055互作，并且在种子萌发和幼苗早期发育过程的ABA信号传导中发挥作用。Takasaki等[144]

通过实验发现，OsNAC5 是一种转录激活因子，能够与 OsNAC6 和 SNAC1 相互作用，并且通过上调水稻胁迫诱导基因 *OsLEA3* 的表达，从而增强了水稻对胁迫的耐受性。本章实验构建了 pGBKT7-*PdbNAC17* 酵母表达载体，并通过酵母转化法确定了 PdbNAC17 具有转录激活活性的最小片段；同时利用酵母双杂交技术分析能够与 PdbNAC17 转录因子相互作用的蛋白，发现 PdbNAC17 自身能够形成同源二聚体，并且与 PdbNAC8 互作，为后期研究 NAC 二聚化功能奠定了基础。

4.5　本章小结

本章实验首先构建了 pGBKT7-*PdbNAC17* 载体，通过酵母转化，发现 Pdb-NAC17 的全长具有转录激活活性。然后根据其序列特征，将全长序列分为 11 个不同片段进行转录激活活性验证，发现有 4 个区段不具有转录激活活性，7 个区段具有转录激活活性，其中位于氨基酸 C 端 PdbNAC17-BD10（145-196 aa）为转录激活活性区域。同时构建了山新杨 9 个 pGADT7-Rec-NAC 酵母表达载体，利用酵母双杂交（Y2H）技术分析能够与 PdbNAC17 转录因子相互作用的蛋白，发现 PdbNAC17 能够自身形成同源二聚体，并且与 PdbNAC8 相互作用。

第5章　盐胁迫下*PdbNAC17*转基因山新杨的 RNA-seq分析

5.1　实验材料

*PdbNAC17*过表达株系OE1、基因编辑转基因株系KO1和野生型山新杨均保存于本实验室。

5.2　实验方法

5.2.1　山新杨苗的处理

将苗龄20 d山新杨*PdbNAC17*基因过表达转基因植株OE1、基因编辑转基因植株KO1及野生型植株从生根培养基中移出，移栽至灭菌土（基质土：珍珠岩：蛭石=3:1:1）中在人工气候室培养20 d，使用200 mmol/L的NaCl溶液胁迫处理野生型及转基因株系6 h，以正常生长条件下的OE1、WT、KO1株系作为对照。胁迫之后，用清水洗净表面灰尘，分为茎段和根进行收样，迅速将样品用液氮冷冻后保存于–80 ℃冰箱中，用于转录组测序。

分别将作为对照的转录组样品命名为C-OE-S、C-WT-S、C-KO-S，C-OE-R、C-WT-R和C-KO-R，每个样品各设置3个重复；盐胁迫后的样品命名为N-OE-S、N-WT-S、N-KO-S、N-OE-R、N-WT-R和N-KO-R，每个样品各设置3个重复，共计36个样品。使用干冰将样品寄送至北京百迈客生物科技有限公司。

5.2.2　数据处理与测序评估

利用Illumina高通量测序平台对cDNA文库进行测序，所获得的测序结果为原始数据，可以通过计算接头序列、未知序列、低质量序列及高质量序列占原始数据比例来确定数据质量。

5.2.3 参考基因组的序列比对

利用HISAT 2软件将Clean Reads与新疆杨基因组进行比对，获取Reads在参考基因组上的定位信息，重构转录组用于后续分析。

5.2.4 差异基因的分析

以*PdbNAC17*转基因山新杨未胁迫作为均一化标准（记作1），对差异基因进行基因本体（Gene ontology，GO）分析、COG分析、KEGG分析及聚类分析，从而研究差异基因的功能。

5.2.5 qRT-PCR方法验证表达谱测序结果

在表达谱测序结果的差异基因列表中随机挑选了16条基因，其中包括一些与植物抗逆胁迫相关的基因和与木质素、纤维素合成相关的酶，设计引物如表5-1。以盐胁迫后6 h的过表达山新杨茎段的cDNA为模板进行qRT-PCR。

表5-1 实时荧光定量PCR的引物序列

引物名称	引物序列(5′-3′)
CAD1-F	GGCATAACAGTCTACACC
CAD1-R	TGACATTCATTCCAAAAG
CESA6-2-F	AAATCAATCCTTACCGAA
CESA6-2-R	GCAAACCAAATCTCACAG
HAT3-F	TGAAGTAGATTGCGAGT
HAT3-R	CAGCAGCAGAAGATG
PAL-F	CCGACCTCCATGTCTCT
PAL-R	TTGGTGATTGTCTCCATTCGTTTTG
LAC11-F	TGAAAGGAAATGGGGATA
LAC11-R	TTGTGAACTGGGCTTGTTGTAGAAC
LAC17-F	TAGCGAGTGCAGAATT
LAC17-R	GTTAGGGCTGTAAACG

表 5-1（续）

引物名称	引物序列(5′-3′)
MYB3-F	GTCGGCTGAGATGG
MYB3-R	TATTGCGATGGGATG
MYB20-F	TACATATTGGTGTTTGTG
MYB20-R	ATAGTTTGTCCATCTCAG
NAC025-F	CTGGTTTTTTATGGTGGG
NAC025-R	CGGTCTCTGAGAGTTGTT
NAC030-F	AGTGTTCTACAAGGGACG
NAC030-R	TGATTAGGGATTGGTTTC
PME53-F	CGAAGGCAAAAATTAAAT
PME53-R	CTCCATACTCGCAACAAC
RL1-F	CAGCCCAGCACAAACT
RL1-R	AATCGGTAGCGGAACT
AGL19-F	TTGAGAAGCTAAAGGGCG
AGL19-R	TATGGTTTTGTGGGCAGG
bHLH162-F	GCAAGAAGCAGAAAACGA
bHLH162-R	AAGGGAATCTCCAAGAGC
BXL1-1-F	CAACGGAAAGCCCACT
BXL1-1-R	CCCTCCCTTCACAGCA
BXL1-2-F	GGTGCTATACTGTGGGT
BXL1-2-R	TGAAACTTCTCGTGGG

5.3 结果与分析

5.3.1 转录组测序质量评估与参考基因组比对

共获得 233.68 Gb 的 Clean Data，数据见表 5-2。从表 5-2 中可以看出，各样品的 Q30 碱基百分比均超过 90.73%，表明数据质量较高，可用作后续研究。此外，将每个样品的 Clean Reads 与参考基因组进行比对，见表 5-3，比对效率在 83.91% 至 91.46% 之间。说明 RNA-seq 质量良好，与参考基因组的比对效率较高，可应用于后续实验。

表5-2 RNA-seq质量评估

样品名称	待分析数据	待分析碱基数	GC含量	RNA质量分析碱基测序质量值（≥Q30）
C-WT-S1	21,486,423	6,431,518,748	44.18%	93.56
C-WT-S2	20,944,430	6,268,999,336	43.84%	94.30
C-WT-S3	19,864,507	5,945,707,306	43.86%	93.91
C-KO-S1	20,980,825	6,280,374,924	43.96%	90.73
C-KO-S2	20,014,481	5,991,898,560	43.98%	94.07
C-KO-S3	20,974,942	6,278,405,458	44.08%	94.34
C-OE-S1	23,969,899	7,173,878,308	43.91%	94.52
C-OE-S2	20,630,247	6,176,465,432	43.89%	94.89
C-OE-S3	20,772,614	6,217,541,188	43.79%	93.49
C-WT-R1	22,039,592	6,594,776,384	43.91%	94.48
C-WT-R2	21,687,305	6,490,404,278	44.04%	94.05
C-WT-R3	21,772,776	6,517,054,612	43.89%	93.81
C-KO-R1	20,738,606	6,206,593,218	44.11%	94.23
C-KO-R2	19,490,277	5,830,971,628	43.98%	94.12
C-KO-R3	20,780,921	6,218,154,510	44.21%	93.36
C-OE-R1	22,740,766	6,805,942,272	44.22%	94.32
C-OE-R2	20,642,016	6,177,861,692	44.00%	93.04
C-OE-R3	23,309,548	6,975,801,118	44.22%	94.23
N-WT-S1	19,728,079	5,904,637,268	43.87%	91.65
N-WT-S2	20,826,203	6,231,016,104	43.83%	93.85
N-WT-S3	19,056,933	5,702,898,552	43.89%	93.46
N-KO-S1	22,896,395	6,854,042,534	44.03%	94.63
N-KO-S2	21,861,341	6,539,635,424	43.52%	94.65
N-KO-S3	20,645,943	6,178,674,382	44.02%	94.79
N-OE-S1	22,949,661	6,868,695,706	43.92%	94.18
N-OE-S2	24,990,143	7,482,690,382	44.08%	93.96
N-OE-S3	22,880,642	6,850,184,550	43.94%	94.47
N-WT-R1	23,354,797	6,989,117,736	44.07%	94.37
N-WT-R2	21,337,205	6,384,847,718	43.91%	94.00
N-WT-R3	22,779,888	6,818,191,962	44.11%	93.65
N-KO-R1	24,718,251	7,399,047,476	44.16%	94.88
N-KO-R2	23,622,560	7,071,727,544	44.21%	93.68
N-KO-R3	22,165,462	6,633,003,762	44.11%	94.10
N-OE-R1	22,785,634	6,820,150,372	44.40%	93.48
N-OE-R2	20,689,625	6,190,557,422	45.18%	93.96
N-OE-R3	20,653,329	6,181,739,498	44.29%	93.21

表5-3 Clean Data与参考基因组比对

样品名称	总Reads	比对的Reads总和	唯一比对的Reads
C-WT-S1	42,972,846	37,755,197 (87.86%)	36,478,443 (84.89%)
C-WT-S2	41,888,860	37,910,905 (90.50%)	36,648,378 (87.49%)
C-WT-S3	39,729,014	36,023,995 (90.67%)	34,822,838 (87.65%)
C-KO-S1	41,961,650	37,337,182 (88.98%)	36,113,161 (86.06%)
C-KO-S2	40,028,962	36,308,922 (90.71%)	35,106,721 (87.70%)
C-KO-S3	41,949,884	38,256,219 (91.20%)	36,970,711 (88.13%)
C-OE-S1	47,939,798	43,831,738 (91.43%)	42,347,651 (88.34%)
C-OE-S2	41,260,494	37,737,677 (91.46%)	36,478,728 (88.41%)
C-OE-S3	41,545,228	37,721,665 (90.80%)	36,471,427 (87.79%)
C-WT-R1	44,079,184	39,538,904 (89.70%)	38,091,407 (86.42%)
C-WT-R2	43,374,610	39,116,067 (90.18%)	37,641,836 (86.78%)
C-WT-R3	43,545,552	39,393,553 (90.47%)	37,993,310 (87.25%)
C-KO-R1	41,477,212	37,063,655 (89.36%)	35,644,751 (85.94%)
C-KO-R2	38,980,554	34,268,657 (87.91%)	33,033,109 (84.74%)
C-KO-R3	41,561,842	37,047,572 (89.14%)	35,639,757 (85.75%)
C-OE-R1	45,481,532	40,644,631 (89.37%)	39,008,314 (85.77%)
C-OE-R2	41,284,032	36,766,226 (89.06%)	35,316,173 (85.54%)
C-OE-R3	46,619,096	41,459,036 (88.93%)	39,847,070 (85.47%)
N-WT-S1	39,456,158	35,419,893 (89.77%)	34,260,248 (86.83%)
N-WT-S2	41,652,406	37,814,423 (90.79%)	36,522,520 (87.68%)
N-WT-S3	38,113,866	34,567,351 (90.69%)	33,430,759 (87.71%)
N-KO-S1	45,792,790	41,787,989 (91.25%)	40,405,220 (88.23%)
N-KO-S2	43,722,682	39,087,308 (89.40%)	37,811,984 (86.48%)
N-KO-S3	41,291,886	37,519,929 (90.87%)	36,248,717 (87.79%)
N-OE-S1	45,899,322	41,698,416 (90.85%)	40,281,300 (87.76%)
N-OE-S2	49,980,286	45,601,145 (91.24%)	44,034,592 (88.10%)
N-OE-S3	45,761,284	41,841,278 (91.43%)	40,414,389 (88.32%)
N-WT-R1	46,709,594	42,183,963 (90.31%)	40,544,231 (86.80%)
N-WT-R2	42,674,410	38,041,479 (89.14%)	36,567,502 (85.69%)
N-WT-R3	45,559,776	41,108,764 (90.23%)	39,625,793 (86.98%)
N-KO-R1	49,436,502	44,869,785 (90.76%)	43,176,065 (87.34%)
N-KO-R2	47,245,120	42,556,930 (90.08%)	40,947,335 (86.67%)
N-KO-R3	44,330,924	39,929,701 (90.07%)	38,395,026 (86.61%)
N-OE-R1	45,571,268	41,375,672 (90.79%)	39,814,172 (87.37%)
N-OE-R2	41,379,250	34,721,683 (83.91%)	33,318,342 (80.52%)
N-OE-R3	41,306,658	37,167,292 (89.98%)	35,769,217 (86.59%)

5.3.2 差异表达基因的分析

（1）通过RNA-seq分析确定了山新杨茎段中的差异表达基因（DEGs），结果如表5-4所示。在盐胁迫6 h后，OE和WT茎段中鉴定出1217个DEGs，其中上调的有750个DEGs，下调的有467个DEGs；KO和WT茎段中鉴定出301个DEGs，其中上调的有216个DEGs，下调的有85个DEGs；OE和KO茎段中鉴定出529个DEGs，其中上调的有144个DEGs，下调的有385个DEGs。

表5-4 盐胁迫6 h后转基因山新杨茎段的差异表达基因

条目	基因的数量		
	OE比WT	KO比WT	OE比KO
总共的差异基因	1217	301	529
上调的差异基因	750	216	144
下调的差异基因	467	85	385

（2）通过RNA-seq分析确定了山新杨根中的DEGs，结果如表5-5所示。从表5-5可以看到，在盐胁迫6 h后，OE和WT根中鉴定出2985个DEGs，其中上调的有1339个DEGs，下调的有1646个DEGs；KO和WT根中鉴定出448个DEGs，其中上调的有253个DEGs，下调的有195个DEGs；OE和KO根中鉴定出2875个DEGs，其中上调的有1731个DEGs，下调的有1144个DEGs。

表5-5 盐胁迫6 h后转基因山新杨根的差异表达基因

条目	基因的数量		
	OE比WT	KO比WT	OE比KO
总共的差异基因	2985	448	2875
上调的差异基因	1339	253	1731
下调的差异基因	1646	195	1144

5.3.3 差异基因的GO分析

将盐胁迫前后6 h的转基因与野生型山新杨的茎和根之间的差异基因分别进行GO分析，结果如图5-1所示。

主要分为生物学过程（biological process）、细胞组分（cell component）和分子功能（molecular function）这3类。在生物学过程中，差异表达基因在细胞进程（cell process）和代谢过程（metabolic process）方面占比较高。在细胞组分中，细胞结构体（cellular anatomical entity）和细胞内（intracellular）相关基因所占比例最大。在分子功能中，参与结合（binding）和催化活性（catalytic activity）相关的基因最多。

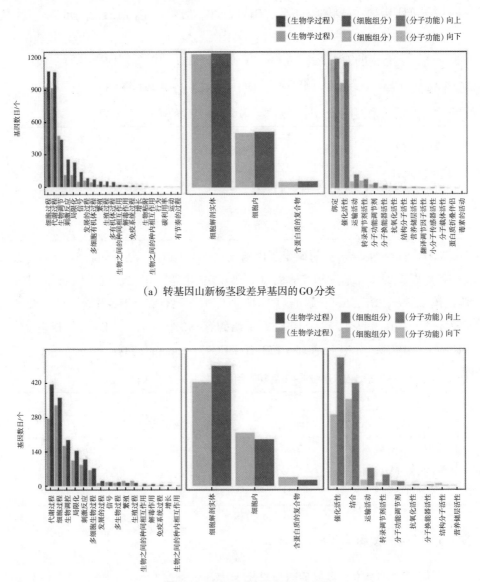

（a）转基因山新杨茎段差异基因的GO分类

（b）转基因山新杨根差异基因的GO分类

图5-1　转基因山新杨根和茎段差异基因的GO分类

5.3.4 差异基因的COG分析

COG（cluster of orthologous groups of proteins）数据库是基于细菌、藻类、真核生物的系统进化关系构建得到的，利用COG数据库可以对基因产物进行直系同源分类，在不同的功能类中，基因所占多少反映对应时期和环境下代谢或者生理偏向等内容，可以结合研究对象在各个功能类的分布做出科学的解释。另外，同一个分类下的蛋白成员的已知功能可以应用到其他成员上，通过鉴定蛋白与数据库的比对，可以很好地预测基因的功能。

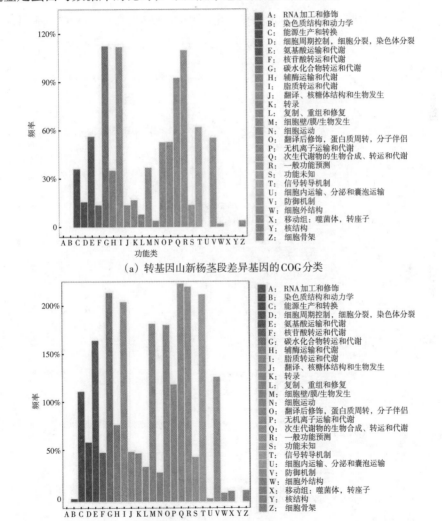

（a）转基因山新杨茎段差异基因的COG分类

（b）转基因山新杨根差异基因的COG分类

图5-2 转基因山新杨根和茎段差异基因的COG分类

将盐胁迫前后6 h的转基因山新杨的根和茎段之间的差异基因分别进行COG分析，结果如图5-2所示。结果显示，碳水化合物转运和代谢（carbohydrate transport and metabolism）、一般功能预测（general function prediction only）、信号转导预测（signal transduction prediction only）、脂质运输和代谢（lipid transport and metabolism），以及次生代谢物的生物合成、转运和代谢（secondary metabolite biosynthesis, transport, and catabolism）高度富集。

5.3.5 差异基因的KEGG分析

本研究将盐胁迫前后6 h的转基因山新杨的根和茎段之间的差异基因分别进行KEGG（Kyoto encyclopedia of genes and genomes）分析，结果如图5-3所示。

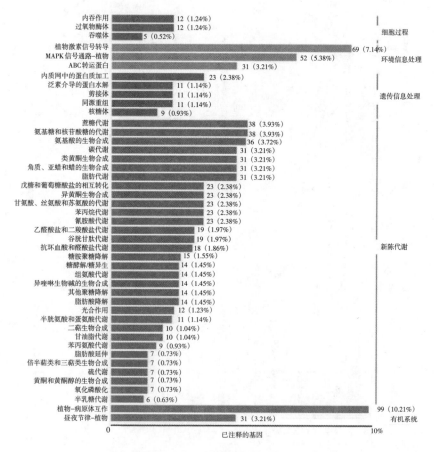

（a）转基因山新杨茎段差异基因的KEGG分类

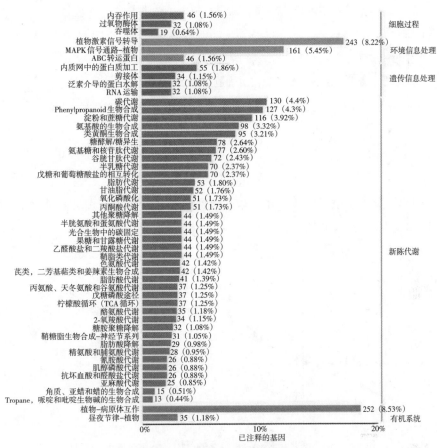

（b）转基因山新杨根差异基因的KEGG分类

图5-3 转基因山新杨根和茎段差异基因的KEGG分类

主要分为细胞过程（cellular processes）、环境信息处理（enviromental information processing）、遗传信息处理（genetic information processing）、新陈代谢（metabolism）和有机系统（organismal systems）5部分。其中，有机系统中的植物-病原体互作（plant-pathogen interaction）、环境信息处理中的植物激素信号转导（plant hormpne signal transduction）和植物MAPK信号通路（MAPK signal pathway-plant）、新陈代谢中的淀粉和蔗糖代谢（starch and sucrose metabolism）占比较高。

5.3.6 qRT-PCR方法验证表达谱测序结果

为了验证表达谱的实验结果，本书在表达谱的差异基因列表中随机选择了16个基因，设计引物进行定量PCR并与表达谱的结果进行比较，结果如图5-4所示。

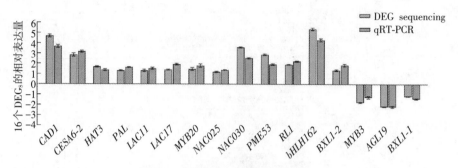

图5-4 定量PCR验证转录组数据

图5-5所示为qRT-PCR与RNA-seq数据的相关系数，其相关系数（R^2）为0.9588，表明qRT-PCR的表达与RNA-seq分析结果成正相关。

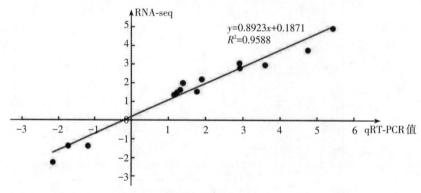

图5-5 qRT-PCR与RNA-seq数据的基因表达量之间的相关性

以上结果说明，定量PCR和差异表达分析的结果与表达谱测序结果基本保持一致。这些随机选择的基因包括一些与木质素合成相关的肉桂醇脱氢酶（Cinnamyl alcohol dehydrogenase，CAD）、肉桂酰COA还原酶（Cinnamoyl-COA reductase，CCR）、漆酶（laccase，LAC），与纤维素合成相关的纤维素合酶（cellulose synthase，CesA），与半纤维素合成相关的β-木糖苷酶（β-xylosidase，BXL），与细胞壁的组成成分相关的果胶酯酶（pectin methylesterase，PME）以及一些与植物逆境胁迫应答相关的基因。

5.3.7 差异基因的聚类分析

筛选了根和茎60个与木质素合成相关的CAD、CCR、LAC，与纤维素合成相关的CesA，与半纤维素合成相关的BXL，与细胞壁的组成成分相关的果胶酯酶PME，以及一些与植物逆境胁迫应答相关的基因，并根据其lg（FPKM）值构建聚类热图，如图5-6所示。图5-6横坐标代表样品名称及样品的聚类结果，纵坐标代表差异基因及基因的聚类结果，图中不同的列代表不同的样品，不同的行代表不同的基因。根据聚类分析，可将基因分为4类：第一类为盐处理6 h后在茎和根中均上调表达的基因；第二类为盐处理后在茎中表达上调但在根中表达下调的基因；第三类为盐处理6 h后在茎和根中均下调表达的基因；第四类为盐处理后在茎中下调表达但在根中上调表达的基因。

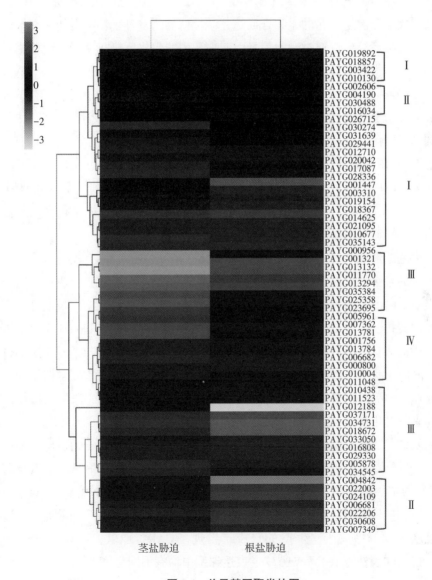

图5-6 差异基因聚类热图

5.4 本章讨论

本章利用RNA-seq分析来研究*PdbNAC17*调控的下游基因。通过差异基因的显著性富集分析，发现基因在新陈代谢和次生代谢物的生物合成、转运，以及激素运输转导等方面存在显著差异。在基因本体功能的分类中，发现一些与木质素、纤维素的合成，激素信号转导途径，以及抗逆胁迫相关的差异基因。其中新陈代谢和次生代谢的生物合成途径涉及植物的多种生物学功能；在植物激素信号转导途径中，通过激素信号引起一系列的生物反应，从而引起植物生长和发育等多方面变化。

在RNA-seq分析结果中，发现了MYB、bHLH和NAC等转录因子，有学者通过RNA-seq分析研究在盐胁迫不同时间点的棉花的差异基因中，发现1231个转录因子响应盐胁迫而表达，分别为ERF、MYB、WRKY、NAC、C2H2、bZIP和HD-ZIP等转录因子[145]。在本章实验中，*PdbNAC17*的过表达引起了转基因山新杨中的*MYB*、*bHLH*和*NAC*的表达量上调，第2章研究结果证明了*PdbNAC17*能够提高山新杨的耐盐能力，表明MYB和bHLH可能是提高山新杨抗逆胁迫中的调控因子。

次生壁的形成与木质素合成、纤维素合成和半纤维素合成有关。木质素是一种复杂的聚合物，为植物的细胞壁提供结构和韧性。在木质素合成中，肉桂醇脱氢酶（CAD）作为植物次生代谢中的关键酶，广泛参与植物生长发育和抵御病原体侵扰[146]。Zhao等[147]研究发现来自白杨的*PagERF81*基因在次生木质部细胞中高表达，通过转录组和逆转录定量PCR分析，肉桂酰辅酶A还原酶1（PagCCR1）、肉桂醇脱氢酶6（PagCAD6）和4-香豆酸辅酶A连接酶样9（Pag4CLL9）等多个木质素生物合成基因均有不同程度的变化。漆酶在植物体内木质素的产生和氧化反应中起着至关重要的作用，编码漆酶的*LAC*基因对于植物的发育与成熟、植物体内结构的维持，以及对各种环境因子的适应至关重要[148]。纤维素是陆地植物中丰富的细胞壁成分，它由一种被称为纤维素合酶（CesA）的植物细胞膜整合糖基转移酶（GT）合成[149]。β-木糖苷酶（BXL）将木二糖和低聚木糖水解为木糖单体，是细胞壁中半纤维素降解的限速酶[150]。在本实验的研究中关于次生壁的合成，发现了CAD、CCR、LAC、CESA和BXL，它们的表达量在*PdbNAC17*过表达株系中均有不同程度的变化。

5.5 本章小结

本书前面发现 *PdbNAC17* 基因耐盐并能促进次生壁形成。为进一步分析其在耐盐和次生壁形成过程中引发相关基因表达量的改变，进行了 RNA-seq 分析，并通过 GO 分析、COG 分析、KEGG 分析及聚类分析来研究差异基因，得到了一些表达差异显著的基因，包括抗逆相关的 MYB、bHLH 和 NAC 的转录因子及相关的功能基因。它们参与植物的逆境胁迫响应及木质素、纤维素的合成。

第6章　山新杨 PdbNAC17 识别顺式作用元件的研究

6.1　实验材料

6.1.1　菌种及载体

DH5α大肠杆菌、EHA105 农杆菌、pROK Ⅱ 过表达载体、Y187 酵母菌株、酵母随机元件库，以及 pHIS2 和 pGADT7-Rec2 载体均保存于实验室。

6.1.2　药品的配制

3-AT 溶液：去离子水溶解 3-AT 粉末，储存浓度为 3 mol/L，抽滤灭菌，−20 ℃ 避光保存。

1.1×TE/LiAc：10×TE 1.1 mL，1 mol/L LiAc 1.1 mL，用蒸馏水定容至 10.0 mL。

PEG/LiAc：50% PEG 8 mL，10×TE 1 mL，1 mol/L LiAc 1 mL。

Gly（2 mol/L）：称取 1.5 g Glycine，用蒸馏水溶解，定容到 10 mL，室温保存。

NaCl（5 mol/L）：称取 29.22 g NaCl，用蒸馏水定容至 100 mL，高温灭菌，室温保存。

MgCl₂（1 mol/L）：称取 9.52 g MgCl₂，用蒸馏水定容至 100 mL，高温灭菌，室温保存。

SDS（20%）：称取 20 g SDS，用蒸馏水定容至 100 mL，加热助溶，室温保存。

LiCl（4 mol/L）：称取 16.96 g LiCl，用蒸馏水定容至 100 mL，高温灭菌，4 ℃ 保存。

蔗糖（2 mol/L）：称取 68.46 g 蔗糖，用加热后的蒸馏水定容至 100 mL，高温灭菌，4 ℃ 保存。

PMSF（1 mol/L）：称取 0.174 g PMSF，加入 1 mL DMSO 溶解，分装后，−20 ℃保存。

Tris-HCl（1 mol/L）：称取 60.5 g Tris 粉末，加入 400 mL 蒸馏水完全溶解，用HCl调节pH值至8.0，定容至500 mL，高温灭菌，室温保存。

EDTA（0.5 mol/L）：称取 18.6 g EDTA 粉末，加入 80 mL 蒸馏水完全溶解，用NaOH调节pH值至8.0，定容至100 mL，高温灭菌，室温保存。

GUS染色液：50 mmol/L磷酸钠缓冲液、10 mmol/L EDTA·2NA溶液、0.1% Triton X-100、0.5 mmol/L亚铁氰化钾、0.5 mmol/L铁氰化钾、1 mg/L X-Glue。

脱色液：冰乙酸与无水乙醇以1:3比例混合。

Buffer A：10 mmol/L Tris-HCl、0.4 mol/L 蔗糖、3% 甲醛、1 mmol/L PMSF、1×proteinase inhibitor cocktail、0.1% silwet。

Buffer B：10 mmol/L Tris-HCl、0.4 mol/L蔗糖、1.5 mmol/L MgCl$_2$、1 mmol/L DTT、1 mmol/L PMSF、1×proteinase inhibitor cocktail。

Buffer C：10 mmol/L Tris-HCl、0.25 mol/L 蔗糖、0.15% Triton X-100、1.5 mmol/L MgCl$_2$、1 mmol/L DTT、1 mmol/L PMSF、1×proteinase inhibitor cocktail。

Buffer D：10 mmol/L Tris-HCl、1.7 mol/L 蔗糖、0.15% Triton X-100、1.5 mmol/L MgCl$_2$、1 mmol/L DTT、1 mmol/L PMSF、1×proteinase inhibitor cocktail。

核酸溶解 buffer：50 mmol/L Tris-HCl、10 mmol/L EDTA、1% SDS、1 mmol/L PMSF、1×proteinase inhibitor cocktail。

1.1×ChIP 杂交 buffer：20 mmol/L HEPES、167 mmol/L NaCl、5 mmol/L MgCl$_2$、0.1 mmol/L ZnAc$_2$、1 mmol/L PMSF、1×proteinase inhibitor cocktail。

1×ChIP Ab incubation buffer：20 mmol/L HEEPS、150 mmol/L NaCl、5 mmol/L MgCl$_2$、0.1 mmol/L ZnAc$_2$、2 ug/mL BSA、1 mmol/L PMSF、1×proteinase inhibitor cocktail。

低盐buffer：20 mmol/L Tris-HCl、2 mmol/L EDTA、1% SDS、0.25% Triton X-100、150 mmol/L NaCl。

高盐buffer：20 mmol/L Tris-HCl、2 mmol/L EDTA、1% SDS、0.25% Triton X-100、500 mmol/L NaCl。

LiCl wash buffer：20 mmol/L Tris-HCl、1 mmol/L EDTA、0.5% Nonidet、0.5%脱氧胆酸钠、25 mmol/L LiCl。

TE buffer：10 mmol/L Tris-HCl、1 mmol/L EDTA。

ChIP Elution buffer：1% SDS、0.1 mol/L NaHCO$_3$。

6.1.3　培养基的配制

YPDA 和 SD/DO 培养基同第4章。缺陷型氨基酸培养基：SD/-Trp；DDO：SD/-Leu/-Trp；TDO：SD/-His/-Leu/-Trp。

6.2　实验方法

6.2.1　山新杨 pGADT7-Rec2-PdbNAC17 效应载体的构建

（1）山新杨*PdbNAC17*目的基因扩增。

根据*PdbNAC17*基因的 CDS 序列，设计基因的特异性引物，将 *Sma* I 酶切位点引入基因的两端，PCR扩增所需引物如表6-1所示。以 pROK II -*PdbNAC17* 菌液为模板，利用PCR技术扩增目的基因。

表6-1　PCR引物序列

引物名称	引物序列（5′-3′）
AD-PdbNAC17-F	TGGCCATTATGGCCCGGGATGGGCGATCATGGCTG
AD-PdbNAC17-R	GACATGTTTTTTCCCGGGATTTGGAAAACTGATATC

PCR反应结束后，将条带位置正确的胶块切下，利用纯化回收试剂盒进行切胶回收，然后进行电泳检测及浓度的测量，保存于−20℃备用。

（2）pGADT7-Rec2质粒的提取与酶切。

使用质粒提取试剂盒提取 pGADT7-Rec2 质粒，然后使用 *Sma* I 酶切该质粒。酶切成功后，纯化回收酶切的 pGADT7-Rec2 载体，保存于−20℃。

（3）目的基因与pGADT7-Rec2载体的连接及转化。

利用同源融合的方法，将目的基因与切好的 pGADT7-Rec2 载体进行连接、热激转化，并使用基因引物进行菌液PCR检测（作为效应载体），将阳性菌液保存于−80℃。然后利用质粒提取试剂盒提取阳性菌的质粒，保存于−20℃备用。

6.2.2　PdbNAC17与随机元件库的酵母单杂交分析

（1）Y187酵母感受态细胞的制备（步骤见酵母转化试剂盒）。

（2）Y187酵母感受态细胞共转化同4.2.2。

将菌液涂布于DDO和TDO/3-AT培养基上，30 ℃倒置培养3~4 d，观察结果。

（3）酵母质粒的提取。

挑取TDO/3-AT筛选培养基上的单菌落，分别接种于DDO液体培养基中（含50 mg/L Kan），30 ℃、220 r/min振荡培养12~16 h。利用酵母质粒提取试剂盒提取酵母质粒，提取流程如下：

分别取5 mL过夜培养的菌液，9000 r/min室温离心30 s，收集菌体，弃上清。

向菌体加入300 μL山梨醇buffer，之后加入50 U溶壁酶（Lyticase），吸打混匀，30 ℃、220 r/min振荡培养1 h。

4000 r/min室温离心10 min，收集菌体，弃上清。

加入250 μL溶液P1，充分重悬菌体。

加入250 μL溶液P2，轻柔翻转6~10次，直至溶液清亮黏稠，使菌体得到充分裂解，全程不要超过5 min。

加入400 μL溶液P3，轻柔翻转6~10次，室温静置5 min，13000 r/min室温离心10 min，吸上清。

将上清液移入吸附柱中，13000 r/min室温离心10 min，弃上清。

加入500 μL去蛋白液PE，13000 r/min室温离心10 min，弃上清。

加入500 μL漂洗液WB，13000 r/min室温离心10 min，弃上清。

重复上一步骤，之后室温条件下13000 r/min空管离心2 min。开盖晾置3~5 min，除去残留乙醇。

将吸附柱转入新的1.5 mL离心管中，在吸附膜中央加入65 ℃预热的60~100 μL Elution buffer进行洗脱，室温静置1 min，13000 r/min室温离心1 min，之后进行浓度测定，产物于–20 ℃冰箱中保存。

（4）大肠杆菌转化。

将提取的酵母质粒分别转入DH5α大肠杆菌感受态细胞中，将转化液涂布于LB固体培养基（含50 mg/L Kan）上，37 ℃培养12~16 h。之后挑取单菌落接种于LB液体培养基（含50 mg/L Kan）中，37 ℃、220 r/min振荡培养6 h。利用pHIS2载体引物的pHIS2-F和pHIS2-R对其进行菌液PCR检测，引物序列见表6-2。将条带位置正确的菌落送至生物公司测序。

表6-2　载体引物序列

引物名称	引物序列（5′-3′）
pHIS2-F	GCCTTCGTTTATCTTGCCTGCTC
pHIS2-R	CGATCGGTGCGGGCCTCTTC

（5）顺式作用元件的确定。

将测序结果与pHIS2载体序列进行比对，之后选择 *Sma* I 酶切位点中间插入的一段连续为N的碱基序列在New PLACE和PlantCARE database网站上进行顺式作用元件的预测。（https://www.dna.affrc.go.jp/；http://bioinformatics.psb.ugent.be/webtoods/plant care/html/）

6.2.3　未知元件核心序列的确定

6.2.3.1　pHIS2-DNA 报告载体的构建

（1）双链DNA的合成。

引物序列如表6-3所示。

表6-3　PCR反应引物序列

引物名称	引物序列(5′-3′)
N17-un1-F	AATTCCGCAAGCCGCAAGCCGCAAGCGAGCT
N17-un1-R	CGCTTGCGGCTTGCGGCTTGCGG
N17-un1-L1R0F	AATTCGCAAGCGCAAGCGCAAGCGAGCT
N17-un1-L1R0R	CGCTTGCGCTTGCGCTTGCG
N17-un1-L2R0F	AATTCCAAGCCAAGCCAAGCGAGCT
N17-un1-L2R0R	CGCTTGGCTTGGCTTGG
N17-un1-L3R0F	AATTCAAGCAAGCAAGCGAGCT
N17-un1-L3R0R	CGCTTGCTTGCTTG
N17-un1-L0R1F	AATTCCGCAAGCGCAAGCGCAAGGAGCT
N17-un1-L0R1R	CCTTGCGCTTGCGCTTGCGG
N17-un1-L0R2F	AATTCCGCAACGCAACGCAAGAGCT
N17-un1-L0R2R	CTTGCGTTGCGTTGCGGG
N17-un1-L2R1F	AATTCCAAGCAAGCAAGGAGCT
N17-un1-L2R1R	CCTTGCTTGCTTGG

表6-3（续）

引物名称	引物序列（5'-3'）
N17-un2-F	AATTCACCGAGCACCGAGCACCGAGCGAGCT
N17-un2-R	CGCTCGGTGCTCGGTGCTCGGTG
N17-un2-L1R0F	AATTCCCGAGCCCGAGCCCGAGCGAGCT
N17-un2-L1R0R	CGCTCGGGCTCGGGCTCGGG
N17-un2-L0R1F	AATTCACCGAGACCGAGACCGAGGAGCT
N17-un2-L0R1R	CCTCGGTCTCGGTCTCGGTG
N17-un2-L0R2F	AATTCACCGAACCGAACCGAGAGCT
N17-un2-L0R2R	CTCGGTTCGGTTCGGTG

　　分别将两个未知元件的DNA序列进行3次串联重复作为上游引物，其反向互补序列作为下游引物，并在引物两端分别引入 *EcoR* I 和 *Sac* I 的识别位点。之后分别对两个未知元件由两端向中间依次进行碱基缺失，同时进行3次串联重复并设计相应引物，分别将两个未知元件的引物进行复性，生成双链DNA。反应体系如表6-4所示。

表6-4　PCR反应体系

试剂	使用量/μL
10×Ex Taq Buffer	2
Forward Primer（100 μmol/L）	9
Reverse Primer（100 μmol/L）	9

　　反应条件为：95 ℃ 30 s，72 ℃ 2 min，37 ℃ 2 min，25 ℃ 2 min。

　　（2）pHIS2质粒的提取与酶切。

　　利用质粒提取试剂盒提取 pHIS2 质粒，用 *EcoR* I 和 *Sac* I 对其进行双酶切，酶切反应体系如表6-5所示。

表6-5　酶切反应体系

试剂	使用量/μL
10 × Buffer	2
pROK II 质粒（1 μg/μL）	1
EcoR I（10 U/μL）	1
Sac I（10 U/μL）	1
ddH₂O	定容至20

（3）元件与pHIS2载体的连接及转化。

将复性后的元件用去离子水稀释100倍，然后使用T4DNA连接酶将11个元件分别酶切后与pHIS2载体进行连接。反应体系如表6-6所示。

表6-6　连接反应体系

试剂	使用量/μL
10×T4 ligase buffer	1
T4 DNA ligase	1
复性后的元件	2
酶切后的pHIS2载体（200 ng/μL）	1
ddH₂O	定容至10

反应条件：16 ℃，过夜连接。

通过热激转化的方法，将连接液加入DH5α大肠杆菌感受态细胞中，37 ℃倒置培养12 h。然后每个平板挑取2个单菌落，使用元件的上游引物和pHIS2载体的下游引物（载体下游引物位于酶切位点后147 bp），进行菌液PCR检测。反应体系如表6-7。

表6-7　PCR反应体系

试剂	使用量/μL
2×Taq Master Mix	10
DNA-F（10 μmol/L）	1
pHIS2-R（10 μmol/L）	1
模板	1
ddH₂O	定容至20

反应程序：95 ℃ 5 min；（94 ℃ 30 s，55 ℃ 30 s，72 ℃ 1 min30 s）×30个循环；72 ℃ 7 min。

PCR反应结束后，进行电泳检测。将条带位置正确的菌液送至生物公司进行测序，测序成功后将菌种保存于–80 ℃冰箱中备用，并利用质粒提取试剂盒提取阳性菌的质粒，保存于–20 ℃冰箱中备用。

6.2.3.2　pGADT7-Rec2-PdbNAC17与pHIS2-DNA的酵母单杂交

（1）Y187酵母感受态的制备：利用酵母转化试剂盒里的方法进行。

（2）酵母转化。

　　每50 μL的酵母感受态细胞加入1 μg的pGADT7-Rec2-PdbNAC17效应载体质粒与1 μg的pHIS2-DNA报告载体质粒，以及5 μL的变性后的鲑鱼精；同时设置阳性对照pGADT7-Rec2-p53和pHIS2-p53及阴性对照pGADT7-Rec2-PdbNAC17和pHIS2-p53（转化质粒见表6-8）进行酵母转化。最后吸取100 μL菌液分别涂布于DDO和TDO/3-AT（30 mmol/L）筛选培养基上，30 ℃倒置培养3~5 d，观察菌落生长情况。

表6-8　酵母转化质粒

效应载体	报告载体
pGADT7-Rec2-p53	pHIS2-p53
pGADT7-Rec2-PdbNAC17	pHIS2-UN1
	pHIS2-UN1-L1R0
	pHIS2-UN1-L2R0
	pHIS2-UN1-L3R0
	pHIS2-UN1-L0R1
	pHIS2-UN1-L0R2
	pHIS2-UN1-L2R1
	pHIS2-UN2
	pHIS2-UN2-L1R0
	pHIS2-UN2-L0R1
	pHIS2-UN2-L0R2
	pHIS2-p53

（3）酵母点点验证。

　　挑取TDO/3-AT筛选培养基上的单菌落接种于TDO液体培养基中，30 ℃ 220 r/min培养1~2 d。将各菌液浓度统一调整至$OD_{600}=2.0$，分别将原液稀释10、100和1000倍，取2 μL原液，1/10、1/100和1/1000的菌液接种于TDO/3-AT（50 mmol/L）的筛选培养基上进行点点验证，30 ℃倒置培养3 d，观察酵母菌落的生长状况。

6.2.4　未知元件核心序列的突变分析

6.2.4.1　pHIS2-DNA报告载体的构建

（1）双链DNA的合成。

　　分别将两个未知元件的DNA序列进行3次串联重复作为上游引物，其反向互补序列作为下游引物，并在引物两端分别引入 *EcoR* I 和 *Sac* I 的识别位点。之后分别对两个未知元件由两端向中间依次进行碱基缺失，同时进行3次串联重复并设计相应引物，引物序列如表6-9所示。

表6-9　PCR反应引物序列

引物名称	引物序列（5′-3′）
N17-UN1-1C-A-F	AATTCAAAGAAAGAAAGGAGCT
N17-UN1-1C-A-R	CCTTTCTTTCTTTG
N17-UN1-1C-T-F	AATTCTAAGTAAGTAAGGAGCT
N17-UN1-1C-T-R	CCTTACTTACTTAG
N17-UN1-1C-G-F	AATTCGAAGGAAGGAAGGAGCT
N17-UN1-1C-G-R	CCTTCCTTCCTTCG
N17-UN1-2A-T-F	AATTCCTAGCTAGCTAGGAGCT
N17-UN1-2A-T-R	CCTAGCTAGCTAGG
N17-UN1-2A-C-F	AATTCCCAGCCAGCCAGGAGCT
N17-UN1-2A-C-R	CCTGGCTGGCTGGG
N17-UN1-2A-G-F	AATTCCGAGCGAGCGAGGAGCT
N17-UN1-2A-G-R	CCTCGCTCGCTCGG
N17-UN1-3A-T-F	AATTCCATGCATGCATGGAGCT
N17-UN1-3A-T-R	CCATGCATGCATGG
N17-UN1-3A-C-F	AATTCCACGCACGCACGGAGCT
N17-UN1-3A-C-R	CCGTGCGTGCGTGG
N17-UN1-3A-G-F	AATTCCAGGCAGGCAGGGAGCT
N17-UN1-3A-G-R	CCCTGCCTGCCTGG
N17-UN1-4G-A-F	AATTCCAAACAAACAAAGAGCT
N17-UN1-4G-A-R	CTTTGTTTGTTTGG
N17-UN1-4G-T-F	AATTCCAATCAATCAATGAGCT
N17-UN1-4G-T-R	CATTGATTGATTGG
N17-UN1-4G-C-F	AATTCCAACCAACCAACGAGCT
N17-UN1-4G-C-R	CGTTGGTTGGTTGG
N17-UN2-1A-T-F	AATTCTCCGAGTCCGAGTCCGAGGAGCT
N17-UN2-1A-T-R	CCTCGGACTCGGACTCGGAG
N17-UN2-1A-G-F	AATTCGCCGAGGCCGAGGCCGAGGAGCT
N17-UN2-1A-G-R	CCTCGGCCTCGGCCTCGGCG
N17-UN2-1A-C-F	AATTCCCCGAGCCCGAGCCCGAGGAGCT
N17-UN2-1A-C-R	CCTCGGGCTCGGGCTCGGGG

表6-9（续）

引物名称	引物序列（5′-3′）
N17-UN2-2C-A-F	AATTCAACGAGAACGAGAACGAGGAGCT
N17-UN2-2C-A-R	CCTCGTTCTCGTTCTCGTTG
N17-UN2-2C-T-F	AATTCATCGAGATCGAGATCGAGGAGCT
N17-UN2-2C-T-R	CCTCGATCTCGATCTCGATG
N17-UN2-2C-G-F	AATTCAGCGAGAGCGAGAGCGAGGAGCT
N17-UN2-2C-G-R	CCTCGCTCTCGCTCTCGCTG
N17-UN2-3C-A-F	AATTCACAGAGACAGAGACAGAGGAGCT
N17-UN2-3C-A-R	CCTCTGTCTCTGTCTCTGTG
N17-UN2-3C-T-F	AATTCACTGAGACTGAGACTGAGGAGCT
N17-UN2-3C-T-R	CCTCAGTCTCAGTCTCAGTG
N17-UN2-3C-G-F	AATTCACGGAGACGGAGACGGAGGAGCT
N17-UN2-3C-G-R	CCTCCGTCTCCGTCTCCGTG
N17-UN2-4G-A-F	AATTCACCAAGACCAAGACCAAGGAGCT
N17-UN2-4G-A-R	CCTTGGTCTTGGTCTTGGTG
N17-UN2-4G-T-F	AATTCACCTAGACCTAGACCTAGGAGCT
N17-UN2-4G-T-R	CCTAGGTCTAGGTCTAGGTG
N17-UN2-4G-C-F	AATTCACCCAGACCCAGACCCAGGAGCT
N17-UN2-4G-C-R	CCTGGGTCTGGGTCTGGGTG
N17-UN2-5A-T-F	AATTCACCGTGACCGTGACCGTGGAGCT
N17-UN2-5A-T-R	CCACGGTCACGGTCACGGTG
N17-UN2-5A-G-F	AATTCACCGGGACCGGGACCGGGGAGCT
N17-UN2-5A-G-R	CCCCGGTCCCGGTCCCGGTG
N17-UN2-5A-C-F	AATTCACCGCGACCGCGACCGCGGAGCT
N17-UN2-5A-C-R	CCGCGGTCGCGGTCGCGGTG
N17-UN2-6G-A-F	AATTCACCGAAACCGAAACCGAAGAGCT
N17-UN2-6G-A-R	CTTCGGTTTCGGTTTCGGTG
N17-UN2-6G-T-F	AATTCACCGATACCGATACCGATGAGCT
N17-UN2-6G-T-R	CATCGGTATCGGTATCGGTG
N17-UN2-6G-C-F	AATTCACCGACACCGACACCGACGAGCT
N17-UN2-6G-C-R	CGTCGGTGTCGGTGTCGGTG

分别将两个未知元件的引物进行复性，生成双链DNA。

（2）pHIS2报告载体的酶切及回收。

利用质粒提取试剂盒提取pHIS2质粒，用 *EcoR* I 和 *Sac* I 对其进行双酶切，反应条件：37 ℃，4 h。

酶切成功后对反应产物进行纯化回收，并对回收产物进行电泳检测及浓度测定。

（3）双链DNA与线性化载体的连接及转化。

将复性后的双链DNA产物稀释100倍，与酶切后的pHIS2线性化载体通过T4DNA连接酶进行连接。之后将连接液转入大肠杆菌感受态细胞中。

（4）菌液PCR检测。

挑取单菌落加入LB液体培养基（50 mg/L Kan）中，37 ℃振荡培养6 h后，以菌液为模板，利用载体引物pHIS2-F和DNA-R进行PCR检测，并提取相应质粒，为后续试验做准备。

6.2.4.2　pGADT7-Rec2-PdbNAC17与pHIS2-DNA的酵母单杂交

（1）Y187酵母感受态的制备：利用酵母转化试剂盒里的方法进行。

（2）酵母转化。

每50 μL的酵母感受态细胞加入1 μg的pGADT7-Rec2-PdbNAC17效应载体质粒与1 μg的pHIS2-DNA报告载体质粒（不同的元件突变），以及5 μL鲑鱼精DNA（变性后）；同时设置阴性对照pGADT7-Rec2-PdbNAC17和pHIS2-p53与阳性对照pGADT7-Rec2-p53和pHIS2-p53，进行酵母转化，最后吸取100 μL菌液涂布于DDO和TDO/3-AT筛选培养基上，30 ℃倒置培养3 d，观察菌落生长情况。

6.2.5　山新杨 *PdbNAC17*-Flag 的过表达载体构建

6.2.5.1　山新杨 *PdbNAC17* 基因的扩增

根据 *PdbNAC17* 基因的CDS序列，设计基因特异性引物，在 *PdbNAC17* 基因的5′端和3′端分别引入 *Xba* I 和 *Kpn* I 酶切位点，并在基因的3′端融合Flag标签。PCR扩增所需引物如表6-10所示。以山新杨cDNA为模板，利用PCR技术扩增 *PdbNAC17* 基因的CDS全长序列。

表6-10 PCR反应引物序列

引物名称	引物序列（5'-3'）
N17-Flag-F	GCTCTAGAATGGGCGATCATGGCTGCAG
N17-Flag-R	GGGGTACCCTACTTATCGTCATCGTCCTTGTAATCGATGTCGTGATCCTTATAGTCTCC ATCATGGTCTTTGTAGTCATTTGGAAAACTGATATCATC
pROKⅡ-F	AGACGTTCCAACCACGTCTT
pROKⅡ-R	CCAGTGAATTCCCGATCTAG

PCR反应结束后，通过琼脂糖凝胶电泳检测目标条带位置，使用纯化回收试剂盒进行目的基因产物的回收（具体步骤见说明书）。将回收后的基因产物进行琼脂糖凝胶电泳检测及浓度测定，保存于–20 ℃冰箱用于后续实验。

6.2.5.2 pROKⅡ质粒的提取与酶切

将实验室–80 ℃冰箱储存的pROKⅡ质粒菌种在固体LB培养基（含50 mg/mL Kan）上划线活化，在37 ℃培养箱倒置培养12~16 h后，挑单菌落接种于20 mL液体LB培养基（含50 mg/mL Kan）中，37 ℃，220 r/min摇床振荡至菌液浑浊。使用质粒提取试剂盒提取pROKⅡ质粒（具体步骤见说明书）。将提取的质粒进行琼脂糖凝胶电泳检测及浓度测定，然后使用 *Xba*Ⅰ和*Kpn*Ⅰ酶切该质粒。酶切结束后，进行琼脂糖凝胶电泳检测。将酶切成功后的载体使用纯化回收试剂盒进行纯化回收，保存于–20 ℃冰箱用于后续实验。

6.2.5.3 目的基因与pROKⅡ载体的连接与转化

将切后纯化回收的*PdbNAC17*基因产物与线性化的pROKⅡ载体质粒进行连接、转化，并进行菌液PCR检测，将阳性菌液保存于–80 ℃冰箱。

6.2.6 山新杨*PdbNAC17*-Flag基因工程菌的制备

利用质粒提取试剂盒提取已构建好的pROKⅡ-*PdbNAC17*-Flag质粒。采用电击转化法将其转入EHA105农杆菌感受态细胞中，实验步骤如下：

（1）用无水乙醇将电击杯洗净，于超净台紫外冰浴30 min。

（2）取2 μL质粒加入50 μL农杆菌感受态细胞中，轻柔混匀移至电击杯中。

（3）用1700 V电压电击。

（4）在电击杯中加入400 μL的LB液体培养基（不含抗生素），混匀后移至新的1.5 mL无菌离心管中，28 ℃，220 r/min振荡培养1 h。

（5）取200 μL菌液涂布于LB固体培养基（含50 mg/L Kan）上，28 ℃培

养 2 d，挑取平板上单菌落接种于 LB 液体培养基（含 50 mg/L Kan）中，28 ℃，220 r/min 振荡培养至菌液浑浊。然后以菌液为模板，使用载体引物进行 PCR 检测，步骤同 3.2.1。电泳检测条带位置正确后，将菌种保存于–80 ℃冰箱用于后续实验。

6.2.7　山新杨的稳定遗传转化

实验步骤同 3.2.4。

6.2.8　转基因山新杨株系的鉴定

（1）DNA 的提取：使用植物 DNA 提取试剂盒提取山新杨过表达及基因编辑转基因植株的 DNA（具体步骤见说明书），DNA 提取完成后进行琼脂糖凝胶电泳检测及浓度测量，将 DNA 保存于–20 ℃冰箱用于后续实验。

（2）PCR 鉴定：以提取的山新杨转基因植株的 DNA 为模板，利用载体引物进行过表达转基因植株的鉴定：使用 pROK Ⅱ-F 和 pROK Ⅱ-R 进行 PCR 扩增；PCR 结束后，用电泳检测条带位置，从而鉴定转基因株系。

6.2.9　*PdbNAC17*基因在过表达转基因山新杨中的表达量分析

6.2.9.1　山新杨 RNA 提取及反转录

利用 RNA 提取试剂盒提取 3 个生长期为 20 d 的*PdbNAC17*基因过表达转基因山新杨株系的 RNA（具体步骤见说明书），RNA 提取完成后进行琼脂糖凝胶电泳检测及浓度的测定，然后利用 PCR 技术，通过短片段反转录试剂盒合成 cDNA，反应体系如表 6-11 所示，反应程序为：37 ℃　15 min；85 ℃　5 s。反转录结束后，将 cDNA 保存于–20 ℃冰箱，稀释 5 倍用于实时荧光定量 PCR 实验。

表6-11　反转录反应体系

试剂	使用量/μL
5×PrimeScript RT Msater Mix	4
Total RNA（1 μg/μL）	1
Rnase Free ddH₂O	定容至20

6.2.9.2　实时荧光定量 PCR 检测

根据山新杨*PdbNAC17*基因全长 CDS 序列设计 qRT-PCR 引物，利用 qRT-

PCR技术分析*PdbNAC17*基因在这3个添加Flag标签的过表达株系中的表达量，以泛素（Ubiquitin，登录号：XM_035064935）和肌动蛋白（Actin，登录号：KR180380）为内参引物（各基因、内参的每种处理均设置生物学重复及技术性重复，每种重复3次）。引物序列见表6-12。反应体系见表6-13。

表6-12　qRT-PCR反应引物序列

引物名称	引物序列（5′-3′）
Ubq-F	ACCTCCAACAGTCCGCTTTGTC
Ubq-R	CAGTCCAGCTCTGCTCCACAAT
Actin-F	CAACTGCTGAACGGGAAAT
Actin-R	TAGGACCTCAGGGCAACG
N17-F	CACCCTGACATCATTCCC
N17-R	CCTTCTTACCAGCACTCG

表6-13　连接反应体系

试剂	使用量/μL
TB Green Premix Ex Taq Ⅱ（2×）	10
引物-F	1
引物-R	1
cDNA模板	2
ddH₂O	定容至20

反应程序：95 ℃　30 s；（95 ℃　20 s，55 ℃　30 s，72 ℃　30 s)×30个循环；60 ℃读板15 s。反应结束后，通过$2^{-\Delta\Delta Ct}$方法计算基因的相对表达量。

6.2.10　ChIP验证

对pROKⅡ-*PdbNAC17*-Flag 3个转基因株系进行ChIP分析，称取pROKⅡ-*PdbNAC17*-Flag转基因植株2~5 g，适当裁剪，在室温下真空与3%甲醛交联10 min。交联在室温下用2 mol/L甘氨酸在真空中淬灭2 min，然后用去离子水洗涤，并用液氮迅速将组织研磨成细粉。对纯化的交联细胞核进行超声处理，将染色质剪切成0.2~1.0 kb片段，并保存1/10体积作为起始对照。用Flag抗体（ChIP+）对一部分染色质进行免疫沉淀。另一部分在没有抗体的情况下进行免疫沉淀作为阴性对照（ChIP−）。将免疫沉淀的复合物在65 ℃下孵育12 h，以释放DNA片段。用氯仿提取免疫沉淀的DNA进行纯化。

为了在植物体内验证PdbNAC17转录因子与RNA-seq结果分析出来的下游基因启动子的结合情况，在RNA-seq中获得一些与抗逆和次生壁相关的差异表达基因，在其启动子上发现含有PdbNAC17结合的顺式作用元件，以含有元件和不含元件的启动子短片段为扩增的目标条带，设计ChIP的引物序列。引物序列见表6-14。

表6-14　ChIP-PCR所用引物序列

引物名称	引物序列（5′-3′）
SOD3-F	GCAAACCCAGTAAGCATG
SOD3-R	CCTTGAGCAGACTGCCT
SOD4-F	TGTAGCCAGCCAGAGTC
SOD4-R	CGAGGGTCTTGTTTCTTG
POD-F	GATGCAGATAAAGATAATAAAT
POD-R	TAAGAGTAGGCCACGCT
RL1-F	CAAATCATATGGCTCGCC
RL1-R	CAAACCCACTGGATACAAAT
MYB15-F	CGTACGGATGTTGTTAACC
MYB15-R	CGTTGGGTGGATTATGTG
CAD-F	ACTCATCTCGTCCCAAGT
CAD-R	CCCAATGTACCCCAAAAC
PAL-F	CCCTTCTACGCCAATCG
PAL-R	GGTAAGCATGAGGGGAC
CBP-F	CCCTACTTCACTATCCTC
CBP-R	TGGCAATGGCAATGATAGT
CESA-F	CGCTTTGTTCCTATTGCC
CESA-R	CTCCTAGACTACTACTGTT
XYP-F	GGTTGTCCCAAATTCTATC
XYP-R	GTGGCAGCTATGCTTCTT

以ChIP富集的DNA为模板，使用设计的特异性引物扩增下游基因启动子片段。PCR反应体系见表6-15。

表6-15　PCR反应体系

试剂	使用量/μL
2×Taq Master Mix	10
F-Primer（10 μmol/L）	1
R-Primer（10 μmol/L）	1
模板	2
ddH$_2$O	定容至20

PCR反应程序：95 ℃　3 min；（94 ℃　30 s，55 ℃　30 s，72 ℃　30 s）×35个循环；72 ℃　7 min。

6.3 结果与分析

6.3.1 *山新杨* pGADT7-Rec2-PdbNAC17 *载体构建*

6.3.1.1 pGADT7-Rec2 质粒的酶切

利用质粒提取试剂盒提取 pGADT7-Rec2 质粒，然后使用 *Sma* I 酶切该质粒。从图6-1可以看出，1号为 *Sma* I 酶切后的线性质粒，2号为酶切前的超螺旋构型质粒，电泳时线性质粒的速度慢于超螺旋构型的质粒，表明质粒酶切成功。

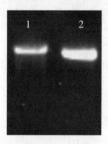

1—*Sma* I 酶切后；2—pGADT7-Rec2 质粒。

图6-1 pGADT7-Rec2 质粒的酶切

6.3.1.2 pGADT7-Rec2-PdbNAC17 菌液 PCR 检测

利用同源融合的方法将目的基因与切好的 pGADT7-Rec2 载体进行连接、热激转化，并使用基因引物进行菌液 PCR 检测，结果如图 6-2 所示。*PdbNAC17* 基因的长度为 585 bp（不含终止子），同源臂的长度为 36 bp，从图 6-2 中可以看出，目的条带位置正确，条带单一，可以进行后续实验。

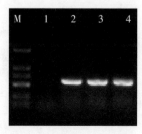

M—DL2000 DNA Marker（从上到下依次为 2 kb，1 kb，750 bp，500 bp，250 bp，100 bp）；1—空白对照；2~4—pGADT7-Rec2-PdbNAC17。

图6-2 pGADT7-Rec2-PdbNAC17 载体构建 PCR 检测

6.3.2 *PdbNAC17*与随机元件库的酵母单杂交

（1）将pGADT7-Rec2-PdbNAC17和酵母随机元件库进行转化，挑取TDO/3-AT筛选培养基上的单菌落扩大培养并提取酵母质粒，随后将酵母质粒转入大肠杆菌感受态细胞中进行菌液PCR检测，电泳检测结果如图6-3所示。将条带位置正确的菌落送至生物公司测序，在进行序列比对后得到元件的DNA序列。

M—DL2000 DNA Marker（从上到下依次为2 kb，1.5 kb，1 kb，750 bp，500 bp，250 bp，100 bp）；1~4—pHIS2-DNA；5—空白对照。

图6-3 pHIS2-DNA大肠杆菌菌液PCR检测

（2）在New PLACE和PlantCARE网站上对获得的DNA序列进行顺式作用元件的预测，筛选出两个元件是未知功能。具体序列见表6-16。

表6-16 未知功能顺式作用元件

名称	序列	功能
PdbNAC17-UN1	CGCAAGC	No Result
PdbNAC17-UN2	ACCGAGC	No Result
LTRE1HVBLT49	CCGAAA	低温响应
DOFCOREZM	GAAAGGC	碳代谢

点点验证结果见图6-4。从图6-4中可以看出，*PdbNAC17*与两个未知元件和两个已知元件结合。

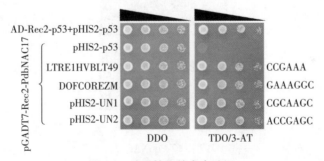

图6-4 酵母转化的点点验证

6.3.3 未知元件核心序列的获得

将两个未知元件的DNA序列由两端向中间进行缺失设计,在进行3次串联重复后构建到pHIS2载体上,经过大肠杆菌转化后将菌液涂布在LB固体培养基(含50 mg/L Kan)上,37 ℃倒置培养12 h,挑取单菌落并进行菌液PCR检测。电泳检测结果如图6-5所示。

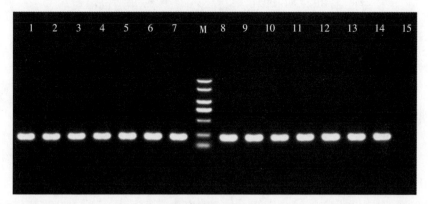

M—DL2000 DNA Marker(从上到下依次为2 kb, 1.5 kb, 1 kb, 750 bp, 500 bp, 250 bp, 100 bp);1~14—pHIS2-DNA;15—空白对照。

图6-5 UN1/UN2大肠杆菌菌液PCR检测

6.3.4 pGADT7-Rec2-PdbNAC17与pHIS2-DNA的互作验证

将pGADT7-Rec2-PdbNAC17与pHIS2-DNA的质粒共转化到Y187酵母感受态细胞中,30 ℃倒置培养3 d。挑取TDO/3-AT平板上的单菌落,接种到TDO液体培养基中,30 ℃振荡培养2 d,进行互作菌落的点点验证,以pGADT7-Rec2-p53和pHIS2-p53为阳性对照,以pGADT7-Rec2-PdbNAC17和pHIS2-p53为阴性对照。结果如图6-6所示。从图6-6中可以看出,所有菌落在DDO筛选培养基上均能够正常生长,未知元件1左边缺失碱基"C",右边缺失碱基"G"的酵母转化单菌落在TDO/3-AT培养基中不再生长,由此确定未知元件1的核心序列为CAAG。

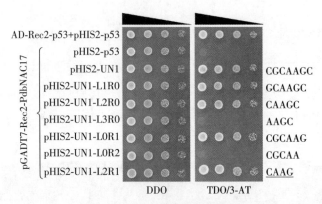

图6-6　未知元件1的点点验证

将 pGADT7-Rec2-PdbNAC17 与 pHIS2-DNA 的质粒共转化到 Y187 酵母感受态细胞中，30 ℃倒置培养 3 d。挑取 TDO/3-AT 平板上的单菌落，接种到 TDO 液体培养基中，30 ℃振荡培养 2 d，进行互作菌落的点点验证，以 pGADT7-Rec2-p53 和 pHIS2-p53 为阳性对照，以 pGADT7-Rec2-PdbNAC17 和 pHIS2-p53 为阴性对照。结果如图6-7所示。从图6-7中可以看出，所有菌落在 DDO 筛选培养基上均能够正常生长，未知元件2的左边缺失碱基"A"，右边缺失碱基"G"的酵母转化单菌落在 TDO/3-AT 培养基中不再生长，由此确定未知元件2的核心序列为 ACCGAG。

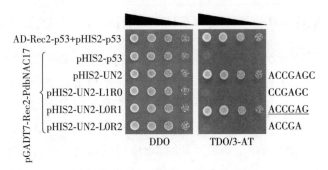

图6-7　未知元件2的点点验证

6.3.5　PdbNAC17 与顺式作用元件的互作验证

将两个未知元件的核心 DNA 序列分别进行碱基突变设计，在进行 3 次串联重复后构建到 pHIS2 载体上，经过大肠杆菌转化后涂布于 LB 固体培养基（含 50 mg/L Kan）上，挑取其单菌落并进行菌液 PCR 检测，目的条带长度为 159 bp，电泳检测结果如图6-8和图6-9所示。将条带位置正确的菌液送至生物公司测序。

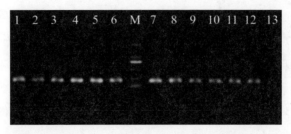

M—DL2000 DNA Marker；1~12—pHIS2-DNA；13—空白对照。

图6-8 UN1大肠杆菌菌液PCR检测

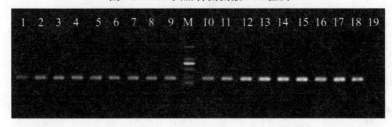

M—DL2000 DNA Marker；1~18—pHIS2-DNA；19—空白对照。

图6-9 UN2大肠杆菌菌液PCR检测

将pGADT7-Rec2-PdbNAC17和pHIS2-DNA共转化到Y187酵母感受态细胞中，30℃倒置培养3 d。挑取TDO/3-AT平板上的单菌落，接种到TDO液体培养基中，30℃振荡培养2 d，用无菌水重选后进行点点验证，结果如图6-10所

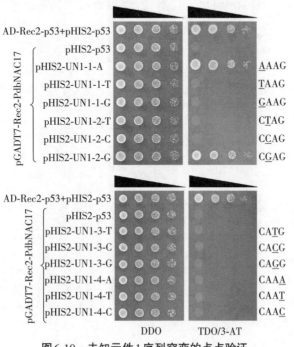

图6-10 未知元件1序列突变的点点验证

示。以 AD-Rec2-p53 和 pHIS2-p53 共转化 Y187 作为阳性对照，以 pGADT7-Rec2-PdbNAC17 和 pHIS2-p53 共转化酵母作为阴性对照。从图 6-10 中可以看出，酵母菌在 DDO 培养基中均能正常生长。PdbNAC17 结合的未知元件 1 的左边第一个碱基"C"突变为"A"，左边第二个碱基"A"突变为"G"的酵母单菌落在 TDO/3-AT 培养基中能够继续生长，进而确定未知元件 1 的核心序列为（C/A）（A/G）AG。

将 pGADT7-Rec2-PdbNAC17 和 pHIS2-DNA 共转化到 Y187 酵母感受态细胞中，30 ℃ 倒置培养 3 d。挑取 TDO/3-AT 平板上的单菌落，接种到 TDO 液体培养基中，30 ℃ 振荡培养 2 d，用无菌水重选后进行点点验证，结果如图 6-11 所示。以 AD-Rec2-p53 和 pHIS2-p53 共转化 Y187 作为阳性对照，以 pGADT7-Rec2-PdbNAC17 和 pHIS2-p53 共转化酵母作为阴性对照。从图 6-11 中可以看出，酵母菌在 DDO 培养基中均能正常生长，PdbNAC17 结合的未知元件 2 的左

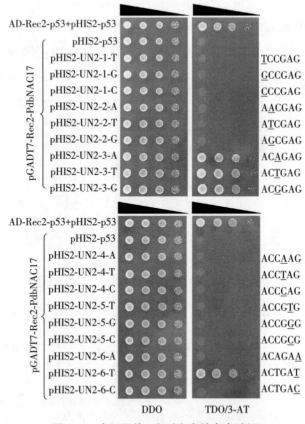

图 6-11　未知元件 2 序列突变的点点验证

边第三个碱基"C"突变为"A/T/G"，右边第一个"G"突变为"T"的酵母单菌落在TDO/3-AT培养基中能够继续生长，进而确定未知元件2的核心序列为ACNGA（G/T），N代表A/T/G/C中的任意一个碱基均可。

6.3.6　山新杨*PdbNAC17*基因过表达载体的构建及工程菌的制备

（1）*PdbNAC17*基因过表达载体大肠杆菌菌液PCR检测。

将回收后的目的基因与*Xba*Ⅰ和*Kpn*Ⅰ酶切后的pROKⅡ载体进行同源融合及热激转化，挑取平板上的单菌落，用载体引物进行菌液PCR检测，结果如图6-12所示。目的条带在1000 bp和1500 bp之间，其目的基因的长度为1101 bp。将条带位置正确的菌液送至生物公司测序，测序结果比对无误，表明pROKⅡ-*PdbNAC17*-Flag基因过载体构建成功。

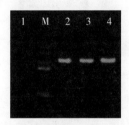

M—DL2000 DNA Marker（从上到下依次为2 kb，1.5 kb，1 kb，750 bp，500 bp，250 bp，100 bp）；1—空白对照；2~4—pROKⅡ-*PdbNAC17*-Flag。

图6-12　pROKⅡ-*PdbNAC17*-Flag大肠杆菌菌液PCR检测

（2）*PdbNAC17*基因过表达载体农杆菌菌液PCR检测。

提取测序成功后阳性菌的质粒，利用电击转化法制备工程菌，挑取单菌落，使用载体引物进行菌液PCR检测，结果如图6-13所示。目的条带在1000 bp和1500 bp之间，其目的基因的长度为1101 bp，表明pROKⅡ-*PdbNAC17*-Flag工程菌制备成功。

M—DL2000 DNA Marker（从上到下依次为2 kb，1.5 kb，1 kb，750 bp，500 bp，250 bp，100 bp）；1~3—pROKⅡ-*PdbNAC17*-Flag；4—空白对照。

图6-13　pROKⅡ-*PdbNAC17*-Flag农杆菌菌液PCR检测

6.3.7 山新杨抗性苗的获得与鉴定

（1）山新杨*PdbNAC17*基因过表达植株的获得。

通过农杆菌介导的遗传转化方法，将山新杨*PdbNAC17*基因过表达载体转入山新杨中，并利用Kan对转基因山新杨进行抗性筛选，最终获得长势较好的抗性苗，结果如图6-14所示。

（a）分化诱导阶段 　　（b）芽的分化（1） 　　（c）芽的分化（2）

（d）抽茎培养（1） 　　（e）抽茎培养（2） 　　（f）成苗

图6-14　*PdbNAC17*基因过表达山新杨抗性苗的获得

（2）山新杨*PdbNAC17*基因过表达转基因株系的鉴定。

利用DNA提取试剂盒提取抗性筛选获得的抗性苗DNA，并使用载体引物进行PCR鉴定，结果如图6-15所示。从图6-15中可以看出，有3个目的条带的位置接近1000 bp，与阳性对照的位置一致，说明获得了3个过表达转基因株系。将其依次命名为Flag1、Flag2、Flag3。

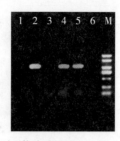

M—DL2000 DNA Marker（从上到下依次为2 kb，1.5 kb，1 kb，750 bp，500 bp，250 bp，100 bp）；1~4—抗性苗的DNA；5—野生型山新杨DNA；6—空白对照。

图6-15　*PdbNAC17*基因过表达转基因植株的鉴定

（3）*PdbNAC17*基因过表达转基因株系的表达量分析。

利用qRT-PCR技术分析*PdbNAC17*基因在过表达植株中的相对表达量，结果如图6-16所示。结果表明，*PdbNAC17*基因在过表达转基因山新杨中的表达量大约是野生型山新杨中表达量的150~500倍，其中，过表达转基因株系Flag2在*PdbNAC17*的表达量最高，是野生型的531倍，后用于后续研究。

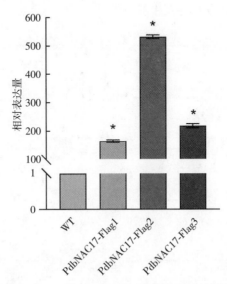

图6-16 *PdbNAC17*过表达阳性植株表达量分析

注：*PdbNAC17*基因在野生型山新杨中的表达量设置为1。

6.3.8 ChIP-PCR 结果

6.3.8.1 PdbNAC17 与下游基因启动子上元件的特异性结合

分别含有和不含有 LTRE1HVBLT49、DOFCOREZM、CAAG-box 和 ACC-GAG-box元件的启动子片段在下游基因启动子上的位置如图6-17所示。含有元件的长度分别为160，117，131，153，137，123，172，121，154，148 bp。不含有元件的长度分别为144，136，133，122，138，123，130，157，154，135 bp。

以*PdbNAC17*-Flag 的山新杨转基因株系为材料进行 ChIP 实验，然后以 ChIP 产物为模板进行 PCR，Input 作为阳性对照，ChIP-为阴性对照，加抗体的 ChIP+为实验组，*SOD*、*POD*等抗逆基因及*PAL*、*CBP*、*CesA*、*XYP*等和次生壁合成相关基因的启动子上含有和不含有 LTRE1HVBLT49、DOFCOREZM、

CAAG-box 和 ACCGAG-box 的片段进行 PCR 扩增。如图 6-18 所示，在 Input 为模板中，含有元件与不含元件的片段都被扩增出来且条带位置正确。如图 6-19 所示，在 ChIP+ 为模板中，含有元件的片段被扩增出来且位置正确，而不含元件的片段没有被扩增出来。如图 6-20 所示，在 ChIP- 为模板中，没有任何片段被扩增出来。这些结果说明，PdbNAC17 能够与 LTRE1HVBLT49、DOFCOREZM、CAAG-box 和 ACCGAG-box 元件发生特异性结合。

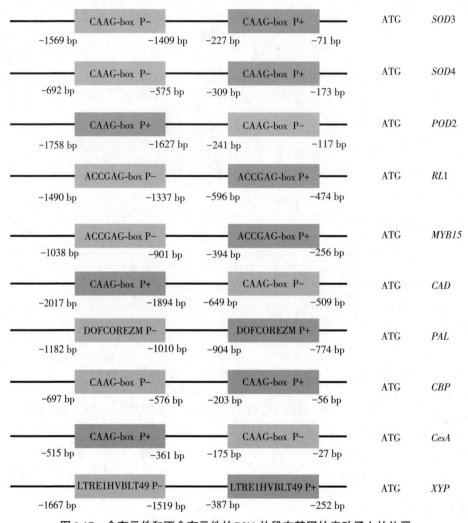

图 6-17　含有元件和不含有元件的 DNA 片段在基因的启动子上的位置

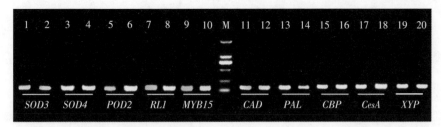

1、3、5、11、15、17—CAAG-box P+；2、4、6、12、16、18—CAAG-box P−；7、9—
ACCGAG-box P+；8、10—ACCGAG-box P−；13—DOFCOREZM P+；14—DOFCOREZM P−；
19—LTRE1HVBLT49 P+；20—LTRE1HVBLT49 P−。

图6-18　含元件与不含元件的下游基因启动子片段的ChIP-PCR（Input）

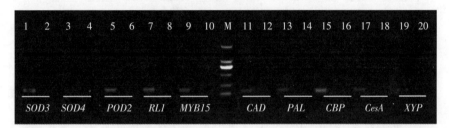

1、3、5、11、15、17—CAAG-box P+；2、4、6、12、16、18—CAAG-box P−；7、9—
ACCGAG-box P+；8、10—ACCGAG-box P−；13—DOFCOREZM P+；14—DOFCOREZM P−；
19—LTRE1HVBLT49 P+；20—LTRE1HVBLT49 P−。

图6-19　含元件与不含元件的下游基因启动子片段的ChIP-PCR（ChIP+）

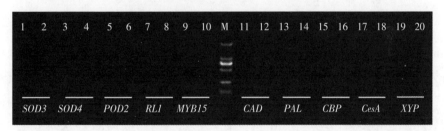

1、3、5、11、15、17—CAAG-box P+；2、4、6、12、16、18—CAAG-box P−；7、9—
ACCGAG-box P+；8、10—ACCGAG-box P−；13—DOFCOREZM P+；14—DOFCOREZM P−；
19—LTRE1HVBLT49 P+；20—LTRE1HVBLT49 P−。

图6-20　含元件与不含元件的下游基因启动子片段的ChIP-PCR（ChIP−）

6.3.8.2　下游基因启动子片段富集分析

ChIP-qPCR结果如图6-21所示。将ChIP−的表达量设置为1，下游基因启动子上含有PdbNAC17核心元件的启动子区域中ChIP+显著富集。含有元件的启动子片段的富集程度是对照的2~6倍，同对照相比具有显著性差异。

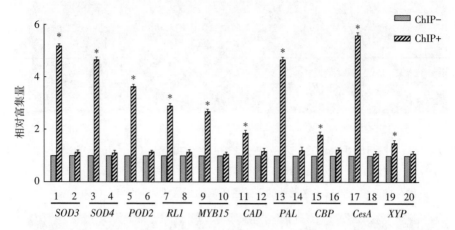

1、3、5、11、15、17—CAAG-box P+；2、4、6、12、16、18—CAAG-box P−；7、9—ACCGAG-box P+；8、10—ACCGAG-box P−；13—DOFCOREZM P+；14—DOFCOREZM P−；19—LTRE1HVBLT49 P+；20—LTRE1HVBLT49 P−。

图6-21　含元件与不含元件的下游基因启动子片段的富集ChIP-qPCR

以上研究结果说明，PdbNAC17能够通过与这4个元件发生特异性结合，调控抗逆和次生壁形成相关的下游基因的表达。

6.4　讨论

有学者研究发现，转录因子通过结合下游基因启动子区域上的顺式作用元件可以调控基因的表达，从而在植物的抗逆响应中起到重要的调控作用。Li等[151]研究发现，棉花GhGT23与GT顺式元件，以及MYB顺式元件MBS1和MRE4结合，从而增强胁迫相关基因的表达来正向调控盐胁迫和干旱胁迫响应。Tan等[152]通过RNA-seq分析和ChIP实验结果发现，白桦BpHOX2转录因子与脱水反应元件（RCCGAC）、Myb-p box（CCWACC）、HBS1（AAGAAG）和HBS2（TACGTG）结合调控下游基因的表达，可以提高白桦的抗逆性。Wang等[153]研究发现，小黑杨PsnICE1能够与H-box元件和脱落酸反应元件（ABRE）结合，并且能够与IBS1（GATCA）和E-box（CACCTG）元件结合，以调控基因的表达，从而提高植物的耐寒性。Zeng等[154]研究发现，除虫菊TcMYC2通过直接结合启动子中的E-box/G-box基序，正调控除虫菊酯生物合成基因*TcCHS*、*TcAOC*和*TcGLIP*的表达，以提高植物的抗逆能力。

研究转录因子和顺式作用元件的方法有很多，比如酵母单杂交、ChIP、EMSA，前期研究发现NAC转录因子能够与一些元件结合。比如，有学者利用酵母单杂交、EMSA及ChIP技术分析BpNAC090转录因子可以和3个元件互作，包括：EOME2（AACAAC）、ABRE（CACGTG）、Tgif2（TGTCA）。结果表明，该基因可能通过特异性识别这些元件来调控下游基因的表达，进而参与植物的生长发育过程[155]。Huang等[156]利用酵母单杂交技术及EMSA发现，NAC转录因子能够和3个元件互作，包括：PnSS（GCTT）、PnSE（CGTG和GCTT）和PnDS（CATGTG和CGTG），从而调节基因的表达。Bi等[157]通过酵母单杂交技术和EMSA实验发现，ONAC083通过直接结合下游基因*OsTrx1*、*OsPUP4*和*OsRFPH2-6*启动子中的ACGCAA元件来上调这些基因的表达，从而改善植物的抗逆能力。但是NAC是否能和其他的元件结合调控下游靶基因，从而影响植物的抗逆能力还不清楚，因此有必要继续进行研究。

本章通过前期构建好的pGADT7-Rec2-PdbNAC17酵母表达载体，通过酵母随机元件库筛选出与PdbNAC17结合的4个顺式作用元件：响应低温元件LTRE1HVBLT49（CCGAAA）和碳代谢相关DOFCOREZM（GAAAGGC），以及两个未知功能的新元件CAAG-box（C/AA/GA）和ACCGAG-box（ACNGAG/T）。ChIP-PCR进一步验证PdbNAC17能够与抗逆和次生壁形成相关基因启动子上的这4个元件结合，调控这些基因的表达，可以提高山新杨的耐盐和次生壁形成能力。

6.5　本章小结

本章通过酵母随机元件库筛选出4个能够与PdbNAC17互作的顺式作用元件，分别为两个已知元件（LTRE1HVBLT49和DOFCOREZM）、两个未知元件（CAAG-box和ACCGAG-box）。通过ChIP实验进一步验证PdbNAC17能够与抗逆和次生壁形成相关基因启动子上的元件结合，从而调控这些基因的表达。

参考文献

[1] SHAH F A, NI J, TANG C, et al. Karrikinolide alleviates salt stress in wheat by regulating the redox and K⁺/Na⁺ homeostasis[J]. Plant physiology and biochemistry, 2021, 167: 921-933.

[2] 李慧, 文钰芳, 王悦, 等. 盐胁迫下辣椒CaPIF4的表达特性与功能分析[J]. 生物技术通报, 2024, 40(4): 1-11.

[3] AHMAD I, ZHU G, ZHOU G, et al. Pivotal role of phytohormones and their responsive genes in plant growth and their signaling and transduction pathway under salt stress in cotton[J]. International journal of molecular sciences, 2022, 23(13): 7339.

[4] COVASĂ M, SLABU C, MARTA A E, et al. Increasing the salt stress tolerance of some tomato cultivars under the influence of growth regulators[J]. Plants, 2023, 12(2): 363.

[5] 鞠龙泰, 焦焕然, 孙盼盼, 等. 金银花受环境胁迫影响研究进展[J]. 北方园艺, 2021(21): 136-142.

[6] HASANUZZAMAN M, BHUYAN M, ZULFIQAR F, et al. Reactive oxygen species and antioxidant defense in plants under abiotic stress: revisiting the crucial role of a universal defense regulator[J]. Antioxidants, 2020, 9(8): 681.

[7] 付海奇, 刘晓, 宋姝, 等. 次生代谢物调控植物抵抗盐碱胁迫的机制[J]. 植物生理学报, 2023, 59(4): 727-740.

[8] QIU Q S, GUO Y, DIETRICH M A, et al. Regulation of SOS1, a plasma membrane Na⁺/H⁺ exchanger in *Arabidopsis thaliana*, by SOS2 and SOS3[J]. Proceedings of the national academy of sciences. 2002, 99(12): 8436-8441.

[9] ZHOU X, LI J, WANG Y, et al. The classical SOS pathway confers natu-

ral variation of salt tolerance in maize[J]. New phytologist,2022,236(2):479-494.

[10] MA L,YE J,YANG Y,et al. The SOS2-SCaBP8 complex generates and-fine-tunes an AtANN4-dependent calcium signature under salt stress[J]. Developental cell,2019,48(5):697-709.

[11] 袁梦婷,赵志明,武江昊,等. 杨树OFP基因家族生物信息学与盐胁迫下的表达分析[J/OL]. 分子植物育种,2024:1-18[2024-01-21]. http://kns.cnki.net/kcms/detail/46.1068.s.20230601.1058.002.html.

[12] 邓泽宜,罗乐,于超,等. 观赏植物NAC转录因子的研究进展[J]. 植物遗传资源学报,2024,25(5):737-750.

[13] LI Y,ZHOU J,LI Z,et al. SALT AND ABA RESPONSE ERF1 improves seed germination and salt tolerance by repressing ABA signaling in rice[J]. Plant physiology,2022,189(2):1110-1127.

[14] LI M,WANG L,ZHANG J,et al. Single-walled carbon nanotubes promotes wood formation in *Populus davidiana × P.bolleana*[J]. Plant Physiology and biochemistry,2022(184):137-143.

[15] 朱蕾,田松,黄金侠,等. 植物对盐胁迫的响应及调控研究进展 [J/OL]. 分子植物育种,2024:1-12[2024-01-21].http://kns.cnki.net/kcms/detail/46.1068.s.20221116.1548.020.html.

[16] ZHANG H,ZHAO Y,ZHU J K. Thriving under stress:how plants balance growth and the stress sesponse[J]. Developmental cell,2020,55(5):529-543.

[17] LIU Z,HU Y,DU A,et al. Cell wall matrix polysaccharides contribute to salt-alkali tolerance in rice[J]. International journal of molecular sciences,2022,23(23):15019.

[18] HE Y,LI W,LV J,et al. Ectopic expression of a wheat MYB transcription factor gene,*TaMYB73*,improves salinity stress tolerance in *Arabidopsis thaliana*[J]. Journal of experimental botany,2012,63(3):1511-1522.

[19] SU Y,LIANG W,LIU Z,et al. Overexpression of *GhDof1* improved salt and cold tolerance and seed oil content in *Gossypium hirsutum*[J]. Journal of plant physiology,2017,218:222-234.

[20] KANG C,ZHAI H,HE S,et al. A novel sweetpotato bZIP transcription

factor gene, *IbbZIP1*, is involved in salt and drought tolerance in transgenic *Arabidopsis*[J]. Plant cell reports, 2019, 38(11): 1373-1382.

[21] LIU D, LI Y Y, ZHOU Z C, et al. Tobacco transcription factor bHLH123 improves salt tolerance by activating NADPH oxidase *NtRbohE* expression[J]. Plant physiology, 2021, 186(3): 1706-1720.

[22] BO C, CAI R, FANG X, et al. Transcription factor ZmWRKY20 interacts with ZmWRKY115 to repress expression of *ZmbZIP111* for salt tolerance in maize[J]. The plant journal, 2022, 111(6): 1660-1675.

[23] FORLANI S, MIZZOTTI C, MASIERO S. The NAC side of the fruit: tuning of fruit development and maturation[J]. BMC plant biology, 2021, 21(1): 238.

[24] KIM Y S, SAKURABA Y, HAN S H, et al. Mutation of the *Arabidopsis* NAC016 transcription factor delays leaf senescence[J]. Plant cell physiol, 2013, 54(10): 1660-1672.

[25] ZHANG J, HUANG G Q, ZOU D, et al. The cotton (Gossypium hirsutum) NAC transcription factor (FSN1) as a positive regulator participates in controlling secondary cell wall biosynthesis and modification of fibers[J]. New phytologist, 2018, 217(2): 625-640.

[26] ZHANG L, YAO L, ZHANG N, et al. Lateral root development in potato is mediated by stu-mi164 regulation of NAC transcription factor [J]. Frontiers in plant science, 2018, 9: 383.

[27] LARSSON E, SUNDSTROM J F, SITBON F, et al. Expression of *PaNAC01*, a *Picea abies* CUP-SHAPED COTYLEDON orthologue, is regulated by polar auxin transport and associated with differentiation of the shoot apical meristem and formation of separated cotyledons[J]. Annals of botany, 2012, 110(4): 923-934.

[28] HENDELMAN A, STAV R, ZEMACH H, et al. The tomato NAC transcription factor *SlNAM2* is involved in flower-boundary morphogenesis [J]. Journal of experimental botany, 2013, 64(18): 5497-5507.

[29] CAO L, YU Y, DING X, et al. The Glycine soja NAC transcription factor *GsNAC019* mediates the regulation of plant alkaline tolerance and ABA sensitivity[J]. Plant molecular biology, 2017, 95(3): 253-268.

［30］ KIM Y S,KIM S G,PARK J E,et al. A membrane-bound NAC transcription factor regulates cell division in *Arabidopsis*［J］. Plant cell, 2006,18(11):3132-3144.

［31］ 马雪祺,阴艳红,冯婧娴,等. 植物NAC转录因子研究进展［J］. 植物生理学报,2021,57(12):2225-2234.

［32］ MOHANTA T K,YADAV D,KHAN A,et al. Genomics,molecular and evolutionary perspective of NAC transcription factors［J］. Plos one,2020, 15(4):e0231425.

［33］ SINGH S,KOYAMA H,BHATI K K,et al. The biotechnological importance of the plant-specific NAC transcription factor family in crop improvement［J］. Journal of plant research,2021,134(3):475-495.

［34］ 王中娜. 亚洲棉NAC转录因子家族的生物信息学分析及相关NAC基因的克隆和功能研究［D］.重庆:西南大学,2015.

［35］ MOYANO E,MARTÍNEZ-RIVAS F J,BLANCO-PORTALES R,et al. Genome-wide analysis of the NAC transcription factor family and their expression during the development and ripening of the *Fragaria × ananassa* fruits［J］. Plos one,2018,13(5):e0196953.

［36］ MAO C,HE J,LIU L,et al. OsNAC2 integrates auxin and cytokinin pathways to modulate rice root development［J］. Plant biotechnology journal,2020,18(2):429-442.

［37］ YANG X,KIM M Y,HA J,et al. Overexpression of the soybean NAC gene GmNAC109 increases lateral root formation and abiotic stress tolerance in transgenic *Arabidopsis* plants［J］. Frontiers in plant science, 2019,10:1036.

［38］ QUACH T N,TRAN L S,VALLIYODAN B,et al. Functional analysis of water stress-responsive soybean GmNAC003 and GmNAC004 transcription factors in lateral root development in *Arabidopsis*［J］. Plos one, 2014,9(1):e84886.

［39］ MAHMOOD K,ZEISLER-DIEHL V V,SCHREIBER L,et al. Overexpression of ANAC046 promotes suberin biosynthesis in roots of *Arabidopsis thaliana*［J］. International journal of molecular sciences,2019,20(24): 6117.

[40] HUYSMANS M, BUONO R A, SKORZINSKI N, et al. NAC transcription factors ANAC087 and ANAC046 control distinct aspects of programmed cell death in the *Arabidopsis Columella* and lateral root cap[J]. Plant cell, 2018, 30(9): 2197-2213.

[41] YU J, MAO C, ZHONG Q, et al. OsNAC2 is involved in multiple hormonal pathways to mediate germination of rice seeds and establishment of seedling[J]. Frontiers in plant science, 2021, 12: 699303.

[42] SHINDE H, DUDHATE A, TSUGAMA D, et al. Pearl millet stress-responsive NAC transcription factor PgNAC21 enhances salinity stress tolerance in *Arabidopsis*[J]. Plant physiology and biochemistry, 2019, 135: 546-553.

[43] SUN L, LIU L P, WANG Y Z, et al. NAC103, a NAC family transcription factor, regulates ABA response during seed germination and seedling growth in *Arabidopsis*[J]. Planta, 2020, 252(6): 95.

[44] SHAN W, KUANG J F, CHEN L, et al. Molecular characterization of banana NAC transcription factors and their interactions with ethylene signalling component EIL during fruit ripening[J]. Journal of experimental botany, 2012, 63(14): 5171-5187.

[45] GUO Z H, ZHANG Y J, YAO J L, et al. The NAM/ATAF1/2/CUC2 transcription factor PpNAC.A59 enhances PpERF.A16 expression to promote ethylene biosynthesis during peach fruit ripening[J]. Horticulture research, 2021, 8(1): 209.

[46] MA X M, BALAZADEH S, MUELLER-ROEBER B. Tomato fruit ripening factor NOR controls leaf senescence[J]. Journal of experimental botany, 2019, 70(10): 2727-2740.

[47] MAO C, LU S, LV B, et al. A rice NAC transcription factor promotes leaf senescence via ABA biosynthesis[J]. Plant physiology, 2017, 174(3): 1747-1763.

[48] KANG K, SHIM Y, GI E, et al. Mutation of ONAC096 enhances grain yield by increasing panicle number and delaying leaf senescence during grain filling in rice[J]. International journal of molecular sciences, 2019, 20(20): 5241.

［49］ LI W,LI X,CHAO J,et al. NAC family transcription factors in tobacco and their potential role in regulating leaf senescence［J］. Frontiers in plant science,2018,9:1900.

［50］ PIMENTA M R,SILVA P A,MENDES G C,et al. The stress-induced soybean NAC transcription factor GmNAC81 plays a positive role in developmentally programmed leaf senescence［J］. Plant cell physiology, 2016,57(5):1098-1114.

［51］ ZHANG Q,LUO F,ZHONG Y,et al. Modulation of NAC transcription factor NST1 activity by XYLEM NAC DOMAIN1 regulates secondary cell wall formation in *Arabidopsis*［J］. Journal of experimental botany, 2020,71(4):1449-1458.

［52］ FANG S,SHANG X,YAO Y,et al. NST- and SND-subgroup NAC proteins coordinately act to regulate secondary cell wall formation in cotton ［J］. Plant science,2020,301:110657.

［53］ TAKATA N,AWANO T,NAKATA M T,et al. Populus NST/SND orthologs are key regulators of secondary cell wall formation in wood fibers, phloem fibers and xylem ray parenchyma cells［J］. Tree physiology, 2019,39(4):514-525.

［54］ ZHONG R Q,YE Z H. The Arabidopsis NAC transcription factor NST2 functions together with SND1 and NST1 to regulate secondary wall biosynthesis in fibers of inflorescence stems［J］. Plant signaling and behavior,2015,10(2):e989746.

［55］ HU P,ZHANG K M,YANG C P. BpNAC012 positively regulates abiotic stress responses and secondary wall biosynthesis［J］. Plant physiology, 2019,179(2):700-717.

［56］ DANG X,ZHANG B,LI C,et al. FvNST1b NAC protein induces secondary cell wall formation in strawberry［J］. International journal of molecular sciences,2022,23(21):13212.

［57］ 陆雪峰. 玉米转录因子ZmVQ52在拟南芥中的功能探究［D］. 重庆:西南大学,2020.

［58］ 王培,王凤涛,蔺瑞明,等. 与小麦衰老相关的NAC转录因子TaNAC025正调控对条锈病的抗性［C］//陈万权. 绿色植保与乡村振兴:中国植物保

护学会2018年学术年会论文集. 北京:中国农业科学技术出版社,2018.

[59] XU Y,ZOU S,ZENG H,et al. A NAC transcription factor TuNAC69 contributes to ANK-NLR-WRKY NLR-Mediated stripe rust resistance in the diploid wheat *Triticum urartu*[J]. International journal of molecular sciences,2022,23(1):564.

[60] ZHANG Y,GENG H,CUI Z,et al. Functional analysis of wheat NAC transcription factor,*TaNAC069*,in regulating resistance of wheat to leaf rust fungus[J]. Frontiers in plant science,2021,12:604797.

[61] 赵晨光,张娜,温晓蕾,等. 小麦与叶锈病菌互作过程中转录因子基因 TaNAC35的功能分析[J]. 农业生物技术学报,2022,30(1):15-24.

[62] 王子元. 转录因子XNDLs调控水稻抗纹枯病的机制研究[D]. 沈阳:沈阳 农业大学,2019.

[63] SUN D,ZHANG X,ZHANG Q,et al. Comparative transcriptome profiling uncovers a *Lilium regale* NAC transcription factor,*LrNAC35*,contributing to defence response against cucumber mosaic virus and tobacco mosaic virus[J]. Molecular plant pathology,2019,20(12):1662-1681.

[64] HE X,ZHU L,XU L,et al. GhATAF1,a NAC transcription factor,confers abiotic and biotic stress responses by regulating phytohormonal signaling networks[J]. Plant cell reports,2016,35(10):2167-2179.

[65] 毛梦雪,朱峰. 根系分泌物介导植物抗逆性研究进展与展望[J]. 中国生 态农业学报(中英文),2021,29(10):1649-1657.

[66] DIAO P,CHEN C,ZHANG Y,et al. The role of NAC transcription factor in plant cold response[J]. Plant signaling and behavior,2020,15(9): 1785668.

[67] GUO W L,WANG S B,CHEN R G,et al. Characterization and expression profile of *CaNAC2* pepper gene [J]. Frontiers in plant science, 2015,6:755.

[68] HOU X M,ZHANG H F,LIU S Y,et al. The NAC transcription factor CaNAC064 is a regulator of cold stress tolerance in peppers[J]. Plant science,2020,291:110346.

[69] JIN C,LI K Q,XU X Y,et al. A novel NAC transcription factor, PbeNAC1,of pyrus betulifolia confers cold and drought tolerance via in-

teracting with PbeDREBs and activating the expression of stress-responsive genes[J]. Frontiers in plant science,2017,8:1049.

[70] HAN D, DU M, ZHOU Z, et al. Overexpression of a malus baccata NAC transcription factor gene *MbNAC25* increases cold and salinity tolerance in *Arabidopsis*[J]. International journal of molecular sciences, 2020,21(4):1198.

[71] 鲁琳,杨尚谕,刘维东,等. 基于转录组测序的花烟草低温胁迫响应转录因子挖掘[J]. 植物研究,2021,41(1):119-129.

[72] HU H, YOU J, FANG Y, et al. Characterization of transcription factor gene *SNAC2* conferring cold and salt tolerance in rice[J]. Plant molecular biology,2010,72(4/5):567-568.

[73] HUANG L, HONG Y, ZHANG H, et al. Rice NAC transcription factor ONAC095 plays opposite roles in drought and cold stress tolerance [J]. BMC plant biology,2016,16:203.

[74] LI X L, YANG X, HU Y X, et al. A novel NAC transcription factor from Suaeda liaotungensis K. enhanced transgenic *Arabidopsis* drought, salt,and cold stress tolerance[J]. Plant cell reports,2014,33(5):767-778.

[75] DING Y, YANG S. Surviving and thriving:how plants perceive and respond to temperature stress[J]. Development cell,2022,57(8):947-958.

[76] WU Z,LI T,XIANG J,et al. A lily membrane-associated NAC transcription factor LlNAC014 is involved in thermotolerance via activation of the DREB2-HSFA3 module[J]. Journal of experimental botany, 2023,74(3):945-963.

[77] SRIVASTAVA R, KOBAYASHI Y, KOYAMA H, et al. Cowpea NAC1/NAC2 transcription factors improve growth and tolerance to drought and heat in transgenic cowpea through combined activation of photosynthetic and antioxidant mechanisms[J]. Journal of integrative plant biology,2023,65(1):25-44.

[78] 曹瑞兰,李知青,欧阳雯婷,等.油茶NAC基因鉴定及对干旱胁迫响应分析[J]. 江西农业大学学报,2021,43(6):1357-1370.

[79] HUANG Q,WANG Y,LI B,et al. TaNAC29,a NAC transcription factor

from wheat, enhances salt and drought tolerance in transgenic *Arabidopsis* [J]. BMC plant biology, 2015, 15:268.

[80] BORRÀS D, BARCHI L, SCHULZ K, et al. Transcriptome-based identification and functional characterization of NAC transcription factors responsive to drought stress in *Capsicum annuum L.* [J]. Frontiers genetics, 2021, 12:743902.

[81] MA J, WANG L Y, DAI J X, et al. The NAC-type transcription factor CaNAC46 regulates the salt and drought tolerance of transgenic *Arabidopsis thaliana* [J]. BMC plant biology, 2021, 21(1):11.

[82] 李鹏祥. 花生NAC转录因子在干旱响应中的作用[D]. 济南:山东师范大学, 2021.

[83] FANG Y, LIAO K, DU H, et al. A stress-responsive NAC transcription factor SNAC3 confers heat and drought tolerance through modulation of reactive oxygen species in rice[J]. Journal of experimental botany, 2015, 66(21):6803-6817.

[84] ZHANG G, HUANG S, ZHANG C, et al. Overexpression of *CcNAC1* gene promotes early flowering and enhances drought tolerance of jute (*Corchorus capsularis L.*)[J]. Protoplasma, 2021, 258(2):337-345.

[85] TAK H, NEGI S, GANAPATHI T R. Banana NAC transcription factor MusaNAC042 is positively associated with drought and salinity tolerance [J]. Protoplasma, 2017, 254(2):803-816.

[86] ZHAO C, ZHANG H, SONG C, et al. Mechanisms of plant responses and adaptation to soil salinity[J]. Innovation, 2020, 1(1):100017.

[87] LI M, WU Z, GU H, et al. AvNAC030, a NAC domain transcription factor, enhances salt stress tolerance in kiwifruit[J]. International journal of molecular sciences, 2021, 22(21):11897.

[88] HOANG X L T, CHUONG N N, HOA T T K, et al. The drought-mediated soybean GmNAC085 functions as a positive regulator of plant response to salinity[J]. International journal of molecular sciences, 2021, 22(16):8986.

[89] RAHMAN H, RAMANATHAN V, NALLATHAMBI J, et al. Over-expression of a NAC 67 transcription factor from finger millet (*Eleusine cora-*

cana L.) confers tolerance against salinity and drought stress in rice [J]. BMC biotechnology,2016,16:35.

[90] DUDHATE A,SHINDE H,YU P,et al. Comprehensive analysis of NAC transcription factor family uncovers drought and salinity stress response in pearl millet (*Pennisetum glaucum*)[J]. BMC genomics,2021,22(1):70.

[91] 王立国,傅明川,李浩,等. 陆地棉NAC转录因子基因GhSNAC1的克隆及其抗旱耐盐分析[J]. 农业生物技术学报,2019,27(4):571-580.

[92] ZHANG X,LONG Y,CHEN X,et al. A NAC transcription factor OsNAC3 positively regulates ABA response and salt tolerance in rice[J]. BMC plant biology,2021,21(1):546.

[93] LIU Y C,SUN J,WU Y R. Arabidopsis ATAF1 enhances the tolerance to salt stress and ABA in transgenic rice[J]. Journal of plant research,2016,129(5):955-962.

[94] HONG Y,ZHANG H,HUANG L,et al. Overexpression of a stress-responsive NAC transcription factor gene *ONAC022* improves drought and salt tolerance in rice[J]. Frontiers in plant science,2016,7:4.

[95] 李晓院,解莉楠. 盐胁迫下植物Na$^+$调节机制的研究进展[J]. 生物技术通报,2019,35(7):148-155.

[96] DU N,XUE L,XUE D,et al. The transcription factor SlNAP1 increases salt tolerance by modulating ion homeostasis and ROS metabolism in *Solanum lycopersicum*[J]. Gene,2023,849:146906.

[97] HE L,SHI X,WANG Y,et al. *Arabidopsis* ANAC069 binds to C[A/G]CG[T/G] sequences to negatively regulate salt and osmotic stress tolerance[J]. Plant molecular biology,2017,93(4/5):369-387.

[98] WEN L,LIU T,DENG Z,et al. Characterization of NAC transcription factor NtNAC028 as a regulator of leaf senescence and stress responses [J]. Frontiers in plant science,2022,13:941026.

[99] WANG R,ZHANG Y,WANG C,et al. ThNAC12 from Tamarix hispida directly regulates ThPIP2;5 to enhance salt tolerance by modulating reactive oxygen species[J]. Plant physiology biochemistry,2021,163:27-35.

[100] 牛亚妮. BpNAC2转录因子调控白桦耐盐机制[D]. 哈尔滨:东北林业大

学,2022.

[101] HU P, ZHANG K, YANG C. BpNAC012 positively regulates abiotic stress responses and secondary wall biosynthesis[J]. Plant physiology, 2019,179(2):700-717.

[102] LIN Y J, CHEN H, LI Q, et al. Reciprocal cross-regulation of VND and SND multigene TF families for wood formation in Populus tricho-carpa[J]. Proceedings of the national academy of sciences of the United States of America,2017,114(45):9722-9729.

[103] 崔志远. 白桦NAC转录因子调控次生细胞壁形成和非生物胁迫反应的分子机制[D]. 哈尔滨:东北林业大学,2015.

[104] ZHONG R, LEE C, YE Z H. Functional characterization of poplar wood-associated NAC domain transcription factors[J]. Plant physiology, 2010,152:1044-1055.

[105] ZHONG R, LEE C, HAGHIGHAT M, et al. Xylem vessel-specific SND5 and its homologs regulate secondary wall biosynthesis through activating secondary wall NAC binding elements[J]. New phytologist, 2021,231(4):1496-1509.

[106] ZHANG Q, LUO F, ZHONG Y, et al. Modulation of NAC transcription factor NST1 activity by XYLEM NAC DOMAIN1 regulates secondary cell wall formation in *Arabidopsis*[J]. Journal of experimental botany, 2020,71(4):1449-1458.

[107] LIU C, XU H, HAN R, et al. Overexpression of BpCUC2 influences leaf shape and internode development in *Betula pendula*[J]. International journal of molecular sciences,2019,20(19):4722.

[108] LEE S Y, HWANG E Y, SEOK H Y, et al. Arabidopsis AtERF71/HRE2 functions as transcriptional activator via cis-acting GCC box or DRE/CRT element and is involved in root development through regulation of root cell expansion[J]. Plant cell reports,2015,34(2):223-231.

[109] ZHOU C G, LI C H. A Novel R2R3-MYB transcription factor Bp-MYB106 of birch (*Betula platyphylla*) confers increased photosynthesis and growth rate through up-regulating photosynthetic gene expression[J]. Frontiers in plant science,2016,7:315.

[110] JI L,HU R,JIANG J,et al. Molecular cloning and expression analysis of 13 NAC transcription factors in *Miscanthus lutarioriparius*[J]. Plant cell reports,2014,33(12):2077-2092.

[111] ZHANG H,MA F,WANG X,et al. Molecular and functional characterization of CaNAC035,an NAC transcription factor from pepper (*Capsicum annuum L.*)[J]. Frontiers in plant science,2020,11:14.

[112] LIU T,CHEN T,KAN J,et al. The GhMYB36 transcription factor confers resistance to biotic and abiotic stress by enhancing PR1 gene expression in plants[J]. Plant biotechnology journal, 2022,20(4):722-735.

[113] FEI J,WANG Y S,CHENG H,et al. The kandelia obovata transcription factor KoWRKY40 enhances cold tolerance in transgenic *Arabidopsis*[J]. BMC plant biology. 2022,22(1):274.

[114] KIM M,AHN J W,JIN U H,et al.Activation of the programmed cell death pathway by inhibition of proteasome function in plants[J]. Journal of biological chemistry,2003,278(21):19406-19415.

[115] GUO H,WANG Y,WANG L,et al. Expression of the MYB transcription factor gene *BplMYB46* affects abiotic stress tolerance and secondary cell wall deposition in *Betula platyphylla*[J].Plant biotechnology journal,2016,15:107-121.

[116] 陈爱葵,韩瑞宏,李东洋,等. 植物叶片相对电导率测定方法比较研究[J].广东教育学院学报,2010,30(5):88-91.

[117] 杨书运,严平,梅雪英. 水分胁迫对冬小麦抗性物质可溶性糖与脯氨酸的影响[J]. 中国农学通报,2007,23(12):229-233.

[118] 高俊凤.植物生理学实验指导[M].北京:高等教育出版社,2006.

[119] 努尔凯麦尔·木拉提,杨亚杰,帕尔哈提·阿布都克日木,等. 小麦叶绿素含量测定方法比较[J].江苏农业科学,2021,49(9):156-159.

[120] LIU T,CHEN T,KAN J,et al. The GhMYB36 transcription factor confers resistance to biotic and abiotic stress by enhancing PR1 gene expression in plants[J]. Plant biotechnology journal,2022,20(4):722-735.

[121] FEI J,WANG Y S,CHENG H,et al. The Kandelia obovata transcription factor KoWRKY40 enhances cold tolerance in transgenic *Arabidop-*

sis[J]. BMC plant biology,2022,22(1):274.

[122] HU J,ZOU S,HUANG J,et al. PagMYB151 facilitates proline accumulation to enhance salt tolerance of poplar[J]. BMC genomics,2023,24(1):345.

[123] LI X,WANG N,SHE W,et al. Identification and functional analysis of the *CgNAC043* gene involved in lignin synthesis from citrusgrandis "San Hong"[J]. Plants,2022,11(3):403.

[124] KONG L,SONG Q,WEI H,et al. The AP2/ERF transcription factor PtoERF15 confers drought tolerance via JA-mediated signaling in *Populus*[J]. New phytologist,2023,240(5):1848-1867.

[125] LIU Z,LEI X,WANG P,et al. Overexpression of *ThSAP30BP* from *Tamarix hispida* improves salt tolerance[J]. Plant physiology and biochemistry,2020,146:124-132.

[126] ZHANG X,CHENG Z,YAO W,et al. Overexpression of PagERF072 from Poplar improves salt tolerance[J]. International journal of molecular sciences. 2022,23(18):10707.

[127] NIU Y,LI X,XU C,et al. Analysis of drought and salt-alkali tolerance in tobacco by overexpressing *WRKY39* gene from *Populus trichocarpa*[J]. Plant signaling and behavior,2021,16(7):1918885.

[128] ZHAO H,NIU Y,DONG H,et al. Characterization of the function of two S1Fa-Like family genes from *Populus trichocarpa*[J]. Frontiers in plant science,2021,12:753099.

[129] SHANGGUAN X,QI Y,WANG A,et al. OsGLP participates in the regulation of lignin synthesis and deposition in rice against copper and cadmium toxicity[J]. Frontiers in plant science,2023,13:1078113.

[130] LEI X,TAN B,LIU Z,et al. ThCOL2 improves the salt stress tolerance of *Tamarix hispida*[J]. Frontiers in plant science,2021,12:653791.

[131] ZHANG Y,SUN Y,LIU X,et al. Populus euphratica apyrases increase drought tolerance by modulating stomatal aperture in *Arabidopsis*[J]. International journal of molecular sciences,2021,22(18):9892.

[132] WANG Y,CUI Y,LIU B,et al. Lilium pumilum stress-responsive NAC

transcription factor LpNAC17 enhances salt stress tolerance in tobacco [J]. Frontiers in plant science, 2022, 13: 993841.

[133] ZHU H, JIANG Y, GUO Y, et al. A novel salt inducible WRKY transcription factor gene, *AhWRKY75*, confers salt tolerance in transgenic peanut[J]. Plant physiology and biochemistry, 2021, 160: 175-183.

[134] HE Z, LI Z, LU H, et al. The NAC protein from *Tamarix hispida*, ThNAC7, confers salt and osmotic stress tolerance by increasing reactive oxygen species scavenging capability[J]. Plants, 2019, 8(7): 221.

[135] LI M, WANG L, ZHANG J, et al. Single-walled carbon nanotubes promotes wood formation in Populus *davidiana* × *P.bolleana*[J]. Plant physiology and biochemistry, 2022, 184: 137-143.

[136] HAO Y J, SONG Q X, CHEN H W, et al. Plant NAC-type transcription factor proteins contain a NARD domain for repression of transcriptional activation[J]. Planta, 2010, 232(5): 1033-1043.

[137] MA W, KANG X, LIU P, et al. The NAC-like transcription factor Cs-NAC7 positively regulates the caffeine biosynthesis- related gene *yhN-MT1* in *Camellia* sinensis[J]. Horticulture research, 2022, 9: uhab046.

[138] JU Y L, YUE X F, MIN Z, et al. VvNAC17, a novel stress-responsive grapevine (*Vitis vinifera L.*) NAC transcription factor, increases sensitivity to abscisic acid and enhances salinity, freezing, and drought tolerance in transgenic *Arabidopsis*[J]. Plant Physiology Biochemistry, 2020, 146: 98-111.

[139] HOU X M, ZHANG H F, LIU S Y, et al. The NAC transcription factor CaNAC064 is a regulator of cold stress tolerance in peppers[J]. Plant science, 2020, 291: 110346.

[140] 王留强. TF-centered Y1H 系统的建立及柽柳NAC基因的抗逆功能研究[D]. 哈尔滨: 东北林业大学, 2015.

[141] HE X J, MU R L, CAO W H, et al. AtNAC2, a transcription factor downstream of ethylene and auxin signaling pathways, is involved in salt stress response and lateral root development[J]. The plant journal, 2005, 44(6): 903-916.

[142] 刘燕敏. 鹰嘴豆NAC转录因子CarNAC4、CarNAC6 的功能分析[D]. 南

京:南京农业大学,2017.

[143] BU Q,JIANG H,LI C B,et al. Role of the Arabidopsis thaliana NAC transcription factors ANAC019 and ANAC055 in regulating jasmonic acid-signaled defense responses[J]. Cell research,2008,18(7):756-767.

[144] TAKASAKI H, MARUYAMA K, KIDOKORO S, et al. The abiotic stress-responsive NAC-type transcription factor OsNAC5 regulates stress-inducible genes and stress tolerance in rice [J]. Molecular genetics and genomics,2010,284(3):173-183.

[145] YU H,GUO Q,JI W,et al. Transcriptome expression profiling reveals the molecular response to salt stress in *Gossypium anomalum* seedlings [J]. Plants,2024,13(2):312.

[146] XUN H,QIAN X,WANG M,et al. Overexpression of a cinnamyl alco-hol dehydrogenase-coding gene, GsCAD1,from wild soybean enhances resistance to *Soybean Mosaic Virus*[J]. International journal of molecu-lar sciences,2022,23(23):15206.

[147] ZHAO X,JIANG X,LI Z,et al. Jasmonic acid regulates lignin deposi-tion in poplar through JAZ5-MYB/NAC interaction [J]. Frontiers in plant science,2023,14:1232880.

[148] KHAN M K U, ZHANG X, MA Z, et al. Contribution of the *LAC* genes in fruit quality attributes of the fruit-bearing plants:a comprehensive review[J]. International journal of molecular sciences, 2023,24(21):15768.

[149] JAYACHANDRAN D,BANERJEE S,CHUNDAWAT S P S. Plant cellu-lose synthase membrane protein isolation directly from Pichia pastoris protoplasts, liposome reconstitution, and its enzymatic characterization [J]. Protein expression an purification,2023,210:106309.

[150] CHEN J, QU C,CHANG R,et al. Genome-wide identification of *BXL* genes in *Populus trichocarpa* and their expression under different nitro-gen treatments[J]. 3 Biotech,2020,10(2):57.

[151] LI Y,HU Z,DONG Y,et al. Overexpression of the cotton trihelix tran-scription factor GhGT23 in *Arabidopsis* mediates salt and drought stress tolerance by binding to GT and MYB promoter elements in

stress-related genes[J]. Frontiers in plant science,2023,14:1144650.

[152] TAN Z,WEN X,WANG Y. *Betula platyphylla* BpHOX2 transcription factor binds to different cis-acting elements and confers osmotic tolerance[J]. Journal of integrative plant biology,2020,62(11):1762-1779.

[153] WANG Y M,ZHANG Y M,ZHANG X,et al. Poplar PsnICE1 enhances cold tolerance by binding to different cis-acting elements to improve reactive oxygen species-scavenging capability[J]. Tree physiology,2021,41(12):2424-2437.

[154] ZENG T,LI J W,XU Z Z,et al. TcMYC2 regulates Pyrethrin biosynthesis in *Tanacetum cinerariifolium* [J]. Horticulture research, 2022, 9: uhac178.

[155] 王智博. BpNAC090转录因子调控白桦耐旱的分子机制[D].哈尔滨:东北林业大学,2022.

[156] HUANG Y,SHI Y,HU X,et al. PnNAC2 promotes the biosynthesis of Panax notoginseng saponins and induces early flowering[J]. Plant cell reports,2024,43(3):73.

[157] BI Y,WANG H,YUAN X,et al. The NAC transcription factor ONAC083 negatively regulates rice immunity against Magnaporthe oryzae by directly activating transcription of the RING-H2 gene *OsRFPH2-6* [J]. Journal of integrative plant biology,2023,65(3):854-875.